中等职业教育土木水利类专业"互联网十"数字化创新教材

中等职业教育"十四五"系列教材

U0663619

建筑给水排水安装技术

吴　旺　主　编

蒋　翔　毛文娟　主　审

中国建筑工业出版社

图书在版编目（CIP）数据

建筑给水排水安装技术/吴旺主编；蒋翔，毛文娟
主审. —北京：中国建筑工业出版社，2021.4
中等职业教育土木水利类专业"互联网+"数字化创
新教材. 中等职业教育"十四五"系列教材
ISBN 978-7-112-25988-5

Ⅰ. ①建…　Ⅱ. ①吴…②蒋…③毛…　Ⅲ. ①给排水
系统-建筑安装-中等专业学校-教材　Ⅳ.①TU82

中国版本图书馆 CIP 数据核字（2021）第 046889 号

本教材为中等职业教育土木水利类专业"互联网+"数字化创新教材，中等职业教育"十四五"系列教材，以学习任务形式分配教学模块，本书分四个学习任务，主要包括了：施工安全及现场管理技术、镀锌钢管施工技术、其他管材加工和管网连接相关技术。每个学习任务下设置若干学习活动，进行独立知识点的教学和学习。理论和实践相结合，情境与讲授相贯穿，并将重难点教学内容进行数字化处理，穿插于内容中，体现互动性学习，旨在更好激发学生对建筑给水排水安装技术内容的学习兴趣。

本书可作为中等职业学校建筑装饰专业、楼宇智能化设备安装与运行专业教材，也可作为相关企业岗位培训教材和相关专业技术人员学习及参考用书。

为便于教学和提高学习效果，本书配套有 PPT 课件，课件请发送邮件至10858739@qq.com 索取。

责任编辑：刘平平　李　阳
责任校对：焦　乐

中等职业教育土木水利类专业"互联网+"数字化创新教材
中等职业教育"十四五"系列教材
建筑给水排水安装技术
吴　旺　主　编
蒋　翔　毛文娟　主　审
＊
中国建筑工业出版社出版、发行（北京海淀三里河路 9 号）
各地新华书店、建筑书店经销
霸州市顺浩图文科技发展有限公司制版
北京市密东印刷有限公司印刷
＊
开本：787 毫米×1092 毫米　1/16　印张：7¼　插页：1　字数：176 千字
2021 年 5 月第一版　　2021 年 5 月第一次印刷
定价：**25.00** 元（赠课件）
ISBN 978-7-112-25988-5
（37117）

前　言

建筑设备工程技术专业主要培养掌握建筑设备工程的基本知识和技术，具备建筑水、电、通风与空调、楼宇智能化等设备工程的设计、预决算、安装施工、运行与维护、质量检验及工程管理等能力的高素质技能型人才。就业面向建筑设备选型设计、建筑设备安装、建筑装潢、造价咨询、房产和物业管理、楼宇智能化、高档商住楼与写字楼管理、建筑设备制造与营销等企（事）业单位或部门；从事建筑设备工程设计、施工、监理、装配及调试、运行与维护等技术和管理工作。

《建筑给水排水安装技术》为建筑设备工程技术专业的施工技术教学提供了教学参考和教学设计。以学习任务形式分配教学模块，本书共计四个学习任务，主要包括了：施工安全及现场管理技术、镀锌钢管施工技术、其他管材加工和管网连接相关技术。每个学习任务下设置若干学习活动，进行独立知识点的教学和学习。学习活动分为学习支持（理论储备）、任务实施、总结评价和知识链接。任务实施以案例形式导入，要求学生进行事故原因分析并推衍出相应施工技术管理制度。活动评价涉及知识内容自评、小组互评、教师评，多角度考核旨在提高学生自省能力、团队合作能力。而知识链接作为教学内容的延伸提供学生更多资料查找和知识拓展的机会。本书共 12 个学习活动，理论和实践相结合，情境与讲授相贯穿，旨在更好激发学生对建筑给水排水安装技术内容的学习兴趣。以学习任务、学习活动形式划分教学模块亦是希望学生在任务驱动的情境下，更好地理解各模块知识点间既相互独立又彼此关联的关系，对本课程内容有更深刻的理解。

本书由吴旺主编，杨敏副主编，参加编写的还有俞婷婷、朱锦标。本书由蒋翔、毛文娟主审。在编写过程中，得到浙江省工业设备安装公司下属的"华国樟"大师工作室、杭州正唐机电有限公司、杭州市设备安装公司等企业专家的大力支持。值此书出版之际，特向关心、支持本书的领导、专家、编审与参考文献的编著者表示衷心的感谢！

编写过程中，虽经推敲核正，但限于编者的专业水平和实践经验，仍难免有不妥甚至疏漏之处，恳请各位同行、专家和广大读者批评指正。

目 录

Chapter 01

学习任务 1
施工安全及现场管理技术

学习目标

1. 通过学习，对照施工现场介绍安全管理和施工安全技术。
2. 施工过程中能正确掌握施工安全技术，施工安全组织和责任，施工安全内容及施工安全管理制度。
3. 能根据施工验收规范与质量标准的要求，在施工现场，安全规范地从事施工。
4. 能向组员叙述管道安装过程的安全操作规程，并在实习报告中体现学习内容及学习心得。
5. 能通过情景模拟，为今后正确而安全的施工打好基础。
6. 能对相关资料、互联网资源进行检索，完成工作页的填写。

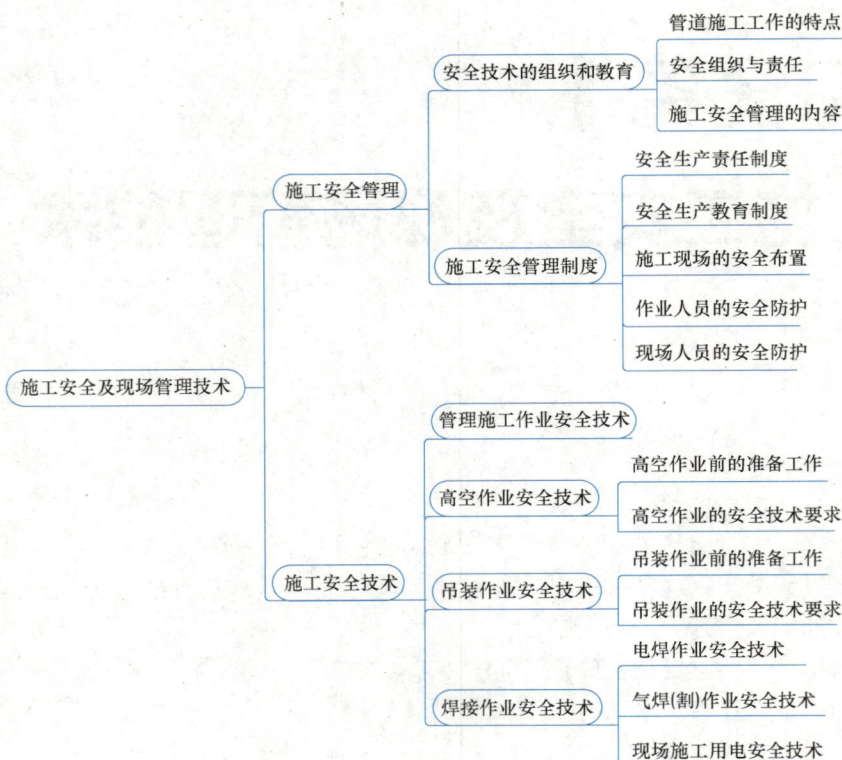

施工安全及现场管理技术
- 施工安全管理
  - 安全技术的组织和教育
    - 管道施工工作的特点
    - 安全组织与责任
    - 施工安全管理的内容
  - 施工安全管理制度
    - 安全生产责任制度
    - 安全生产教育制度
    - 施工现场的安全布置
    - 作业人员的安全防护
    - 现场人员的安全防护
- 施工安全技术
  - 管理施工作业安全技术
  - 高空作业安全技术
    - 高空作业前的准备工作
    - 高空作业的安全技术要求
  - 吊装作业安全技术
    - 吊装作业前的准备工作
    - 吊装作业的安全技术要求
  - 焊接作业安全技术
    - 电焊作业安全技术
    - 气焊(割)作业安全技术
    - 现场施工用电安全技术

建议学时

10 学时

学习地点

建筑给水排水一体化教室

学习流程与活动

学习活动1 施工安全管理（5 学时）

学习活动2 施工安全技术（5 学时）

案例情境描述（图 1-1）

1-1 企业
早会

图 1-1

某建工集团旗下一个工程部的早会,其主要内容如下:

吴总工开始组织晨会,讲授今天需完成的进度及注意事项,并通知安全科进行轮滑馆配套服务用房西侧围栏的跟进,通知施工员郑工测量塔式起重机的垂直度,并做好相应记录。

1. 安排工人进行材料废品区的围护。

2. 塔式起重机的特种作业报审、报验,进行交底并形成纸质文件(塔式起重机交底书)。

3. 监理整改单的回复,与施工科协调并安排工人进行整改(包括:5 号二级配电箱内存在一闸多机现象、基坑南侧完成第一阶段边坡混凝土喷锚后,未及时设置安全围护、东侧安全围护围栏多处未安装到位)。

另外安全科潘工进行补充,如:水泥混凝土防护棚安装不到位,存在扬尘过大等问题,与施工科协调沟通安排工人搭设防护棚。

学习活动 1　施工安全管理

学习目标

1. 对施工现场安全生产的基本要求进行合理描述。

2. 能进行管道施工中的班组管理。

3. 能准确描述管道施工验收规范与质量标准。

4. 能总结归纳管道施工的工作特点。

建议学时

5 学时

学习地点

建筑给水排水一体化教室

学习准备

多媒体课件、实习手册(工作页)

资料:《给水排水管道工程施工及验收规范》GB 50268、《建筑给水排水及采暖工程施工质量验收规范》GB 50242、《管道施工作业安全操作规程》《建设工程安全生产管理条例》《建筑施工企业突发安全事件应急预案管理》。

学习过程

【学习支持】

安全施工是指＿＿＿＿＿＿＿＿＿＿＿＿＿＿＿＿＿＿＿＿＿＿＿＿＿＿＿＿＿＿。管道施工工程点多、面广,流动性大,施工作业条件差,手工露天作业多,沟坑、高空、立体交叉作业多,临时设施多,劳动组合又很不稳定,安装施工现场存在着诸多不安全因素。因此,制定切实可行的安全技术措施,加强对施工现场的安全管理,进行安全文明施工更显得必要和重要。

1.1.1　安全技术的组织和教育

1. 管道施工工作的特点

（1）管道的布置有室内、室外、高空、地下、水下等不同条件，工作流动性大，作业面宽，作业平面、立面交叉。

（2）施工分散，往往是多种工种、多种作业方式的联合作业，配合施工。

（3）无固定作业场所，对于已生产企业的改扩建工程和维修工程，还涉及与原有高温、高压、深冷、易燃、易爆等管道的交叉和连接，作业环境条件不好，施工条件复杂。

（4）对于城市公用设施的管道工程建设，涉及各种管线的互相碰撞、交通运输的阻塞、对现有给水排水、供热、供煤气正常运行的干扰。

（5）受施工季节和气候条件的影响较大，特别是对_____施工的影响尤大。在组织施工和施工过程中，要充分考虑上述特点，实行_____施工，防止在管道施工维修工作中发生事故。

2. 安全组织与责任

为了保证施工安全，施工单位必须有严密的安全组织，上有_____，下有_____，消除一切施工过程中的不安全因素，建立_____规章制度，实施安全工作_____制，认真贯彻执行国家有关安全施工和安全生产的_____，抓好_____教育，提高全员的安全意识，做好日常的安全组织和管理工作。

（1）日常的安全组织和管理工作

1）安全工作要_____化和_____化。

2）做好工伤事故的登记、调查、统计，针对事故发生的原因，总结教训并提出预防事故重复发生的具体措施。

3）做好安全检查，及时发现不安全因素，消除事故隐患，防患于未然。

4）加强安全教育，提高_____知识。

（2）安全技术工作的范围和目标

1）保证所有参加施工人员的人身安全。

2）保证与施工安装无关的其他邻近人员的人身安全。

3）保证管道工程所涉及的或影响到的各种建筑物、构筑物和其他设施的安全。

4）保证施工设备的运行安全。

5）安全技术工作的目标是"_____"。

3. 施工安全管理的内容

（1）认真贯彻和执行国家关于安全生产方面的方针政策，并结合企业和施工生产实际制定安全生产的规章制度和安全技术规程，建立_____的_____责任制，并对这些制度和规程的贯彻执行情况进行监督和检查。

（2）编制安全技术措施计划。安全技术措施计划的内容包括：改善_____，防止伤亡事故，预防_____及职业中毒应采取的各种措施。编制安全技术措施计划应从企业的实际出发，注重实效。安全技术措施计划的实施过程中应加强督促和检查。

（3）所有参加施工安装的人员都要接受_____法规、责任制的培训，学习有关安全技术规程，经_____后方可上岗。在工程施工开始前，施工的组织者和负责人在根据工程的特点进行技术交底的同时，还要进行安全交底，并制定具体的安全技术措施。在每天施工作业前，施工负责人应根据当日作业内容，具体交代安全注意事项，指出工作区内的危险部位和危险设备。对于施工设备的操作工人和_____的工人，必须取得专门的技术培训，并取得相应的_____，方准从事允许级别的操作和施工作业。对于集体配合进行的作业，作业前应明确分工，操作时统一指挥，密切配合，步调一致。

（4）及时进行伤亡事故分析与伤亡事故报告

1）建立伤亡事故及时报告制度。凡职工在生产过程中发生的伤亡事故，必须如实地向有关领导或上级机关报告。

2）伤亡事故发生后，除立即做好抢救和善后工作以外，要及时组织事故分析会，查清事故发生的原因，提出预防措施，要按照"四不放过"的原则（即事故的_____不放过；事故_____受到教育不放过；没有_____不放过；事故_____未受到严肃处理不放过）进行认真的处理，防止类似事故的再次发生。

1.1.2　施工安全管理制度

1. 安全生产责任制度

安全生产是一项群众性工作。要搞好安全生产必须从上到下建立_____，从组织上保证安全管理工作的顺利进行。同时，还要逐级建立安全生产责任制，各部门应各自的业务范围内，为实现安全生产负责。公司经理是本单位、本项目安全生产的第一责任人，对安全生产工作应负全面的领导责任，分管生产工作的副职应负具体的领导责任，分管其他工作的副职，在其分管工作中涉及安全生产内容的，也应承担相应的领导责任。要加大对安全生产工作的宣传、管理和奖罚的力度，层层贯彻落实各业务职能部门及各级人员的安全生产岗位职责。

2. 安全生产教育制度

（1）对操作新机具、新设备、新工艺、变换新工种和临时参加生产劳动的人员，必须进行安全教育，掌握操作方法后经_____，方准参加实际操作。

（2）新工人进场进行"三级教育"，公司安全部门负责_____安全教育；分公司安全部门根据本单位特点，讲解_____的安全生产规定等。新工人到达班组，班组要对其进行_____的教育，未掌握安全操作要领前，不能独立操作。

（3）要经常结合企业内外的典型事故案例，对职工进行生动、有效地警示教育；对经常违章蛮干的职工和一贯不重视安全生产的管理人员，在征得领导同意后，可进行停工教育和行政处罚。

3. 施工现场的安全布置

（1）施工现场应整齐清洁，有条不紊，实行文明施工。各种设备、材料和废弃物都要堆放在指定地点。施工现场的道路要畅通，根据工程规模的大

1-3　典型
事故案例

小、运输工具和施工机械的类型和吨位，合理确定道路的宽度，并按指定的路线行驶。行人不要穿越危险区，无关人员不得在现场_____，注意与运转中设备保持一定的安全距离。在有车辆或行人通过的交通道路上施工管道时，要在作业区范围外设置拦挡物，并设醒目的_____标志（白天设红旗，夜间设红灯）；必要时，经交通主管部门的同意，可以封闭道路。对于施工现场的各种室内外孔、洞、井、坑、楼梯、平台等都要设防护栏杆，在有车辆或行人通过可能时，同样应设醒目的警戒标志（白天设红旗，夜间设红灯）。

（2）在建筑物或构筑物上固定索具装备，以及在楼板上堆放沉重的设备或材料时，事先要征得相关部门的同意。

（3）禁止在施工现场随意存放易燃、易爆材料和其他有害物质，这些物质要存放在指定的安全地点，并由专人管理。氧气瓶和乙炔发生器应远离_____。在有火灾危险发生的地方，应配备必要的消防器材和防毒器材。

（4）现场用火（如气焊、烘炉、加热炉）应设置在安全地点，周围不得有易燃物，应由专人负责看管，并备有水桶、砂子、泡沫灭火器等消防设施。在有可燃气体可能泄漏处施工时，要按规定划出防火区，禁止明火。

（5）在遇到坚硬岩石或冻土情况，需用爆破方法开挖管沟时，必须严格按爆破安全技术操作规程进行施工。在布置炮眼位置和确定装药量时，要注意不能对周围建筑物（特别是稠密的居民区）、构筑物和各种明设或埋设电缆和其他管线造成破坏，爆破时要采取安全防护和警戒措施，必要时，周围人员要离开危险区。

（6）高处作业或多层交叉作业要设安全栏杆、安全网、防护棚和警示围栏，脚手架、脚手板应符合安全规定，跳板和斜道要铺放稳固，有防滑措施，夜间施工要有足够的照明。

4. 作业人员的安全防护（图 1-2）

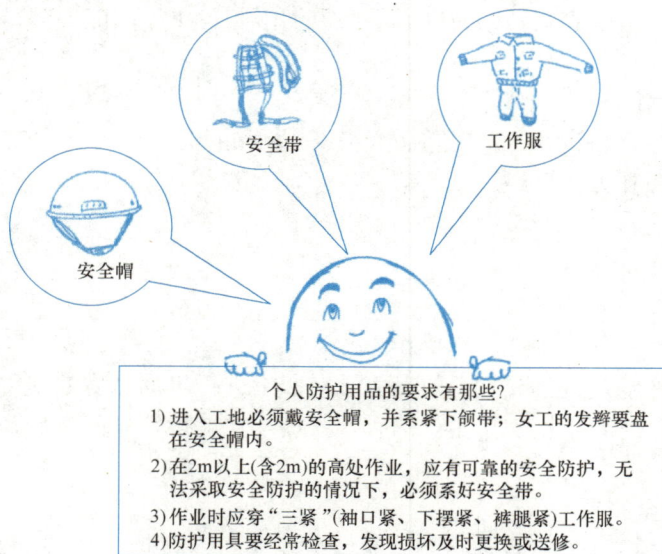

安全带

工作服

安全帽

个人防护用品的要求有那些？
1）进入工地必须戴安全帽，并系紧下颌带；女工的发辫要盘在安全帽内。
2）在2m以上(含2m)的高处作业，应有可靠的安全防护，无法采取安全防护的情况下，必须系好安全带。
3）作业时应穿"三紧"（袖口紧、下摆紧、裤腿紧）工作服。
4）防护用具要经常检查，发现损坏及时更换或送修。

图 1-2

（1）作业人员进入施工现场时，必须按要求穿戴好＿＿＿＿＿＿，高空作业人员应戴好安全帽、扎好安全带；电气焊作业人员应戴好防护镜或防护面罩；电工应穿好绝缘鞋；凡与火、热水、蒸汽接触作业时，应带上防护脚盖或穿上石棉防火衣。

（2）在有毒性、窒息性、刺激性或腐蚀性的气体、液体和粉尘管道场所检修这类管道时，除应有良好的通风或除尘设施外，施工安装人员还必须戴上口罩、防护镜或防毒面具等防护用品。特别是进入空气停滞、通风不畅的死角，如管道、容器、地沟、隧洞等处，必要时要对作业区的气体取样进行化验分析，确认无危险后方可进入施工；否则，要采取可靠的通风措施，以避免在工作中由于空气稀薄或中毒而引起伤亡事故。

（3）在阴暗潮湿的场所（如隧洞、地沟、地下室）以及有水的金属容器内作业时，同时作业人员不得少于2人，而且应戴上绝缘手套，穿好绝缘胶鞋，照明灯的电压应为＿＿＿＿＿＿＿＿安全电压，并设防护罩。

5. 现场人员的安全防护

（1）现场人员严禁在起重机起吊物下面通过或停留，不得随意通过危险地段。现场人员应随时注意转动中的机械设备，避免被设备绞伤或尖锐的物体划伤。

（2）非电工人员严禁乱动现场内的电气开关和配电设施；未经允许不得乱动非属本职工作的一切设备、设施和机具。

（3）未经允许不准擅自搭乘运料设施上下。

（4）对于多层交叉作业，如上下空间同时有人作业，中间需有专用的防护棚或其他隔离设施，否则不得在下面工作。上下方各种操作人员必须戴＿＿＿＿＿＿＿。

（5）高空作业搭设的脚手架、跳板、梯子等，必须用线或绳索牢固地绑扎在结构物或脚手架上。

（6）搬运或起吊材料、设备时，要注意起重物和电线的相互间距，特别是要远离裸露电线。要注意起重物的绑扎结扣要牢固可靠，防止松结脱扣，起重物的重心要低，防止倾覆。起吊时要有人将起重物扶稳，严禁甩动。

【任务实施】

通过任务学习，现对本案例进行原因分析，并制定相应的施工安全管理制度。

案例	2010年11月15日14时，上海某高层公寓起火。公寓内住着不少退休教师，起火点位于10～12层之间，整栋楼都被大火包围着，楼内还有不少居民没有撤离。至11月19日10时20分，大火已导致58人遇难，另有70余人正在接受治疗。事故原因，是由无证电焊工违章操作引起的，四名犯罪嫌疑人已经被公安机关依法刑事拘留，还因装修工程违法违规、层层多次分包；施工作业现场管理混乱，存在明显抢工行为；事故现场违规使用大量尼龙网、聚氨酯泡沫等易燃材料；以及有关部门安全监管不力等问题

事故原因	
施工安全管理制度	

【活动评价】

知识内容自评：20%

管道施工特点掌握：很好□ 较好□ 一般□ 还需努力□

施工安全的内容掌握：很好□ 较好□ 一般□ 还需努力□

安装生产制度掌握：很好□ 较好□ 一般□ 还需努力□

现场急救自我练习情况：很好□ 较好□ 一般□ 还需努力□

小组互评：40%

团队合作及整体完成效果：很好□ 较好□ 一般□ 还需努力□

教师评价：40%

内容学习及完成效果：很好□ 较好□ 一般□ 还需努力□

【知识链接】

1. 建筑施工企业监理制度。
2. 建筑合同法等相关法律法规。
3. 现场管理人员资质相关要求。

【课后作业】

1-4 学习活动1课后作业答案

单选题

1. 国家安全生产方针是：（　　　　）。

A. 安全第一、预防为主

B. 安全第一、综合治理

C. 安全第一、预防为主、综合治理

D. 质量第一、预防为主、综合治理

2.《中华人民共和国劳动法》规定劳动者在劳动过程中必须严格遵守（　　　　）。

A. 安全操作规程

B. 劳动纪律

C. 规章制度

D. 领导安排

3. 安全技术工作的目的是（　　　　）。

A. 无重伤事故

B. 工伤事故率为零

C. 无重大火灾或爆炸事故

D. 无重大泄露、中毒事故

4. "三宝"指：（　　　　）。

A. 安全帽、安全网、安全带

B. 安全帽、手套、安全网

C. 安全帽、手套、安全带

D. 安装网、手套、安全带

5. 伤亡事故发生后，除立即做好抢救和善后工作以外，要及时组织事故分析会，查清事故发生的原因，提出预防措施，要按照"四不放过"的原则（即事故的_____不放过；事故责任者和群众未受到教育不放过；没有防范措施不放过；事故责任者和有关领导未受到严肃处理不放过）进行认真的处理，防止类似事故的再次发生。

A. 原因分析不清

B. 抢救工作没做好

C. 善后工作没做好

D. 技术交底不清

6. 各工种班组不准使用未满（　　　　）岁的未成年工，达到退休年龄的不许在项目从事施工工作。

    A. 18

    B. 16

    C. 20

    D. 22

    7. 高空作业的施工人员，应（　　）。

    A. 佩戴安全带和安全帽

    B. 佩戴安全带和安全帽，穿防滑鞋

    C. 佩戴安全带和安全帽，穿防滑鞋和紧口工作服

    D. 佩戴安全帽、手套、安全带

    8. 施工单位的工程施工安全记录由施工单位提交给（　　）。

    A. 技术部

    B. 安保部

    C. 工程组

    D. 公司领导

    9. 对于多层交叉作业，如上下空间同时有人作业，中间需有专用的防护棚或其他隔离设施，否则不得在下面工作。上下方各种操作人员必须戴（　　）。

    A. 安全绳

    B. 防滑鞋

    C. 紧口工作服

    D. 安全帽

    10. 通行地沟应有（　　）低压照明；通行和半通行地沟通风应良好，地沟内温度不超过（　　）。

    A. 50V，38℃

    B. 36V，40℃

    C. 38V，40℃

    D. 120V，40℃

学习活动 2　施工安全技术

学习目标

1. 会进行安全操作守则编制。

2. 能够简述施工的安全责任及安全管理内容。

3. 能掌握管道施工中的安全技术（高空作业、吊装作业、焊接作业）。

建议学时

5 学时。

学习地点

建筑给水排水一体化教室。

学习准备

多媒体课件、实习手册（工作页）

资料：《给水排水管道工程施工及验收规范》GB 50268、《建筑给水排水及采暖工程施工质量验收规范》GB 50242、《管道施工作业安全操作规程》《建设工程安全生产管理条例》《建筑施工企业突发安全事件应急预案管理》。

学习过程

【学习支持】

任何洞口都要加盖或围栏防护

图1-3

安全工作既是一项重要的管理工作，也是一项技术性很强的技术工作（图1-3）。

安全技术是指在施工和生产过程中，为防止和消除＿＿＿＿＿＿＿＿，减轻繁重劳动所采取的一系列有效措施和方法。下面根据管理工程施工需要，介绍以下几种施工作业的安全技术。

1.2.1　管理施工作业安全技术

管道施工作业，因施工工序繁多，施工环境中高空、沟、坑较多，劳动强度大，属事故多发的作业，熟练掌握管道施工的安全技术要求，可以防止造成作业人员的人身伤害和财产损失。

1. 用车辆运送管材、管件和设备，要绑扎牢固；人力搬运管材和管件，起落要一致。通过沟、坑要搭好马道，不得负重跨越。用滚杠运输设备，要防止压脚，并不准用手直接调整滚杠，管子滚动的前方，不得有人。禁止在未经过荷重检验的脚手架和工作台上放置管子和其他重物。吊装管子时，必须装好管卡，不能浮放在支架上，以免掉下来砸人。

2. 使用锤子、大锤时，不准＿＿＿＿＿＿，锤柄及锤头不得有油污，锤头和锤柄要连接牢固。挥锤时四周不得有人或其他障碍物。用锯弓、切管器、砂轮切管机切割管道，要垫平卡牢，用力不得过猛，临近切断时，要用手把住或用支架托住。砂轮切管机防护罩要牢固，砂轮片应完好，操作时应站在砂轮侧面。

3. 管道装砂热煨弯时，砂必须烘干，装砂架子搭设要牢固，并设有栏杆。用机械敲打时，下面不得站人。用卷扬机牵引煨弯，地锚、别桩要牢固，钢丝绳内侧不得站人。操作电动弯管机时，应注意手和衣服不要靠近旋转的弯管模，机器止转动前，不能从事调整工作。

4. 人工套螺纹时，管道要支平____，工作台要____。两人操作，动作要协调，防止柄把打人。用套丝机套螺纹时，应将管道后部放在辅助托架上，并调整好高度。套丝机先空载试运转，进行检查、调整，各部运转正常，方可作业，作业时应用机油润滑板牙。

5. 操作使用的手提式砂轮机应有防护罩。操作时，人应站在_____侧面，并戴绝缘手套。用风枪、电锤或錾子打透眼时，板下、墙后不得有人靠近。

6. 管子窜动和对口时，动作要协调，手不得放在管口和法兰接合处，以防挤伤。紧固用扳手、管钳的开口尺寸应与螺母和管件的尺寸相符；拧紧时用力不要过猛，一般不宜在扳手或管钳上加用套管，如必须使用套管时，要采取相应的安全措施。管段未碰头前，应临时封闭管口；中途停止安装时，要上好盲板或焊上堵板，以防杂物进入管内。

7. 地沟内施工，如遇土方松动、裂纹、渗水等，应及时加设固壁_____。禁止用固壁支撑作上、下爬梯和吊装管道支架使用。人工向沟槽内下管，所用索具、地桩必须牢固，沟槽内不得有人。

8. 熔铅锅要安设稳固，露天化铅要有防雨措施。操作时应戴手套，将铅慢慢放入锅内，禁止熔化潮湿的铅块。灌铅时，管口不许有水，要缓慢浇注，同时戴好防护眼镜和鞋盖，以防灼伤。

9. 钢管铅浴法退火时，应将管头烘干，再插入铅锅内，并固定牢靠，以防熔化的铅液爆炸（又称放炮）烫伤作业人员。

10. 用酸、碱液清洗管道，应穿戴好防护用品，酸、碱液槽必须加盖，并设有明显标志。

11. 氧气管道安装、吹扫、试压所用的工具、零部件、物料等物件不得有____；氨系统管道必须经试验合格方可充氨。氨瓶应放在室外，充氨时，应戴好防毒面具，并配置灭火器和中和液。

12. 新旧管道相接时，要弄清旧管道内是否有易燃、易爆和有毒物质，并清除干净，经有部门检验许可，并在取得动火证的情况下，才可施焊连接。

13. 管道试压，应使用经_____的压力表。操作时，要分级缓慢升压，停泵稳压后方可进行检查，试压过程中严防超压，试压期间严禁敲打、修补和拧动螺栓；非操作人员不得在盲板、法兰、焊口和螺纹接头处停留。高压和超高压管道试压，应单独编制试压方案，进行安全技术交底。

14. 天然气管道用空气试压合格后，必须用天然气吹扫，方可投入运行。吹扫口流出的天然气，必须及时_____。管道吹扫时，吹扫出口应固定，与气源之间必须装置联络信号。吹扫口、试压排放口严禁对准电线、基坑和有人操作的场地。

15. 管道吹扫、冲洗时，应缓慢开启阀门，以免管内污物冲击，产生水锤、汽锤，造成管道损坏。

1.2.2　高空作业安全技术

高空作业按国家标准《高处作业分级》GB/T 3608—2008 规定是指"凡在坠落高度基准面____m 以上有可能坠落的高处进行的作业"。管道安装施工有很大一部分是在高空作业的，为防止伤亡事故的发生，掌握高空作业的安全技术是十分必要的。

1. 高空作业前的准备工作

（1）凡高空作业人员，均需作_____，体检不合格者不准参加高空作业。凡患有心脏病、高血压、低血压等病人以及年老体弱、精神不佳、酗酒等人员都不准参加高空作业。

（2）遇大雾和 6 级以上大风天气，_____露天高空作业。遇高温、冰冻、大风、阴雨等不良天气，应采取有效的安全技术措施。

（3）作业前，应由带班人对操作者进行安全教育，指明工作要点，根据每个人的工作特点，有针对性地提出安全技术措施。

（4）检查所用的_____（如安全帽、安全带、脚手架、脚手板、安全网等）是否牢固、可靠。熟知有关安全规定和安全要求。

（5）夜间作业应有足够的照明设施。

2. 高空作业的安全技术要求

（1）高空作业必须按_____正确搭设脚手架，脚手架经检查必须牢固可靠，侧面应有栏杆；脚手架上铺设的跳板必须结实，两端必须牢固绑扎在脚手架上，不准浮放。

（2）对于预留孔洞，如电梯井口、风道口、阳台口、坑槽等要加设_____设施；施工作业现场所有可能坠落的物件，应一律先行拆除或加以固定；严禁在石棉瓦、刨花板屋面上行走。

（3）高空作业人员使用安全带时，需将钩绳的根部连接在背部尽头处，并将绳子牢系在_____建筑结构件或金属结构架上，行走时应把安全带缠在身上，不准拖着走。衣袖和裤脚要扎好，且不得穿硬底鞋和带钉子鞋。

（4）高空作业使用的工具和零件应放在随身携带的工具零件袋中，不便入袋的工具和零件应放在就近的稳妥处，严禁上下投掷，必要时要用绳索绑牢或放入带挂钩的容器中，通过升降机或吊车吊运。

（5）高空堆放的物品、材料或设备，不准超过承载体的允许负荷；堆积物和施工操作人员不应聚集在一起形成集中负荷。

（6）高空作业人员距普通电缆至少应保持____m 以上，距普通高压电缆至少应保持____m 以上，距超高压电缆 5m 至少应保持以上的安全距离。运送管道、金属件等导电材料，严防触碰电缆。在车间内进行高空作业时，应注意远离吊车滑线，防止触电。如必须在吊车附近作业时，应事先联系停电，并设_____电源开关或设警示牌。

（7）在高空进行电气焊作业时，严禁其下方或附近有易燃易爆物品，必要时要有人监护或采取隔离措施。

（8）高空作业人员工作前必须进行有针对性的安全教育，掌握现场工作环境、工程特点、操作要求及安全注意事项。高处作业中使用的安全标志、工具、仪表、电气设施和各种设备，必须在高处作业前加以检查，确认其完好，方能投入使用。

（9）高空作业人员使用的梯子不得缺档，不得垫高使用。梯子的横档以 30 cm 为宜。竖立的角度（即梯子与地面的夹角）应控制在 60°～70° 之间，梯子的下脚应当用麻布或橡胶包扎，或由专人在下面扶稳，以防梯子滑倒；不许在梯子的最上两阶工作，严禁_____同时在一个梯子上工作；使用"人字梯"时，必须将两梯间的安全挂钩拴牢，以防人字梯张开滑倒。

（10）高空作业人员使用的工具、零件等，应放在工具袋内，不能入袋的工具应放在稳当的地点。上下传递物件不许_____，应用绳子系牢吊上或放下。

（11）多层高空交叉同时作业时，上下两层之间必须铺设专门的隔声设施；高空进行电焊或气焊作业时，应检查其下方或附近是否有易燃、易爆物品；否则应有专人监护或采取隔离措施，以防引起火灾。

1.2.3　吊装作业安全技术

管道安装施工中，管道、阀件及设备的移动和就位常常用到吊装作业，因此，掌握基本的吊装作业安全技术，防止造成人身伤害和材料、设备的损坏是对管道施工人员的基本要求。

1. 吊装作业前的准备工作

（1）较大设备或难度较大的吊装作业，在吊装前必须制定吊装方案，经主管部门、主管领导批准后方可组织实施；施工前要对施工班组人员进行详细、有针对性的安全技术交底。明确分工，各负其责，服从统一指挥，准确地执行指挥信号。

（2）熟悉各种指挥信号（旗语或笛声），服从统一指挥，互相配合，步调一致，准确地按指挥信号作业。

（3）必须严格检查各种索具及设备是否完好、可靠，是否符合安全技术规定。起重机具所用绳索、钢丝绳必须完好并有足够的备用程度，不准超负荷使用。

（4）起吊区域周围，应设临时围障，严禁非工作人员入内。

（5）注意天气情况，遇有大风和雨天时，不得在露天进行吊装作业。

2. 吊装作业的安全技术要求

（1）在指挥起重吊装前，必须注意排除起吊区域的障碍物；设置临时围障，禁止_____入内；严格检查各种工具、索具及设备是否完好、可靠，是否符合国家《起重机械安全规程　第 1 部分：总则》GB 6067.1—2010 的要求，所有机具、索具在起吊过程中不得超负荷使用。

（2）吊装构件和设备应按设计规定的吊点进行；对无设计规定的应按方案进行_____，高度不得超过 20～30m，然后停机检查吊装机具的稳定性、制动器的可靠性、重物的平稳性、绑扎的牢固性。在确认无误后，方可再正式起吊。对于有晃动可能的重物，还必须拴有拉绳，以防摆晃。

（3）起吊物件应使用交互捻制的钢丝绳，并必须有足够的备用强度。钢丝绳的系数见表 1-1。钢丝绳如有扭、变形、断丝、锈蚀等异常现象，应按表 1-2 钢丝绳断丝折减或报废标准及时降低使用标准或报废。

钢丝绳的安全素数　　　　　　　　　　　　　　表 1-1

钢丝绳的用途	安全系数	钢丝绳的用途	安全系数
缆索起重机承重绳	3.75	作吊索无弯曲	6～7
缆风绳	3.5	作捆绑吊索	8～10
手动起重设备	4.5	用于载人的升降机	14
机动起重设备	5～6		

（4）绳索系结设备应尽量避开设备的棱角处，否则应在棱角处垫人造木板或软垫物。起吊设备应绑扎、平稳、牢固，绑扎钢丝绳与设备的夹角不得小于 30°。绳索系结要找准重心，以防起吊设备歪斜、倾倒。不得在设备或重物上堆放零星物件，以防滑落伤人。起吊时要有专人将起吊重物扶稳；在起吊物悬空的情况下，不得中断起吊；人不得在起吊物、起吊臂下停留或通过；起吊时，严禁人员跨越钢丝绳和停留在钢丝绳可能弹出的地方。

钢丝绳断丝折减或报废标准（一个节距）　　　　　　表 1-2

拆减报废	钢丝绳种类(交互捻制)			
	6×19+1	6×24+1	6×37+1	6×31+1
1.00	0～5	0～7	0～10	0～15
0.90	6～10	8～14	11～20	16～25
0.80	11～16	15～20	21～30	26～40
报废	16 以上	20 以上	30 以上	40 以上

（5）用滚动法搬运设备、重物时，地面必须平整，枕木要坚实，滚动的钢管要圆直，粗细要一致。填管子时，大拇指应放在管子的上表面，其他四指伸入管内，严禁戴手套和一把抓管子。管子滚动的前方，不得有人。

（6）使用把杆起吊重物时，定位要正确，封底要牢固，应防止在受力后产生歪斜、倾倒等现象。

（7）使用倒链起吊重物时，使用前应仔细检查吊钩、链条和轮轴是否有损伤，传动部分是否灵活；挂上重物后，先慢慢拉动链条受力后再检查一次，看齿轮啮合是否妥当，链条自锁装置是否正常。确认各部分情况良好后，方可起吊作业。使用中不得超过额定的起重量。在 -10℃ 以下使用时，只能以额定起重量的一半进行起重。拉倒链时应均匀缓和，不得猛拉。人不得站在倒链的正下方。当重物需在空中停留时间较长时，要将小链拴在大链上；多台倒链同时起吊时，彼此动作要协调一致。

（8）用起重机搬运和起吊材料、设备时，应防止靠近架空输电线路作业，如限于现场条件，必须在线路旁作业时，应采取安全保护措施。起重机与架空输电线的安全距离不得小于表 1-3 的规定。

起重机和架空输电线的安全距离　　　　　　　　表 1-3

输电线路电压	1kV 以下	1～15kV	20～40kV	60～110kV	220kV
允许沿输电线垂直方向最近距离	1.5	3	4	5	6
允许沿输电线水平方向最近距离	1	1.5	2	4	6

（9）在水平方向移动重物时，需使重物与障碍物的净空不小于 0.5m。在起吊和下放时，不准突然扔下重物。

1.2.4　焊接作业安全技术

管道安装施工离不开电焊作业，严格按照电焊作业安全技术要求进行焊接作业，就可以防止发生烧伤、触电、火灾、爆炸、中毒等事故。

1. 电焊作业安全技术

1-5 电焊的介绍

（1）从事电焊作业的人员，必须通过专业部门培训、考核合格、取得相应的施焊项目合格证后，方准上岗操作，无相应的施焊_____不得上岗施焊。

（2）电焊作业人员施焊前应穿戴好工作服、皮手套、绝缘鞋、工作帽等_____。施焊时应戴好防护面罩，清理熔渣时应戴好防护眼镜或面罩，以防飞溅熔渣损伤眼睛；多台焊机在一起集中施焊时，应设有隔光板。

（3）电焊机开关及电源线的拆除、安装和检修应由_____完成。电焊机外壳接地必须良好，每台电焊机要设单独闸刀开关，开关应放在防雨的闸箱内，拉、合开关时应戴手套侧向操作。电焊机的电源接线部分，必须连接牢固，并应设防止触电的防护罩。露天野外作业的电焊机要设防雨罩。雷雨时，应停止露天焊接作业，较长时间停止施焊或工作结束时，应切断电焊机电源，检查操作地点，确认无起火危险时，方可离开。

（4）焊接钳与焊把线必须绝缘良好，连接牢固，更换焊条应_____。在潮湿地点工作，应站在绝缘板或木板上。焊把线、焊接地线严禁与钢丝绳接触，更不允许用钢丝绳或机电设备代替零线。所有地线接头，必须连接牢固。更换场地移动焊把线时，应切断电源，并不得手持焊把线爬梯登高。

（5）在易燃、易爆场所施焊时，应事先办理动火手续，取得_____证，并采取相应的防火、防爆措施，并设专人监护才可施焊。电焊时，周围 5m 内不得有有机灰尘、木屑、棉纱和汽油、油漆等易燃、易爆物品。周围 10m 内不准有氧气瓶、乙炔瓶或乙炔发生器等。焊接储存过易燃、易爆和有毒物品的容器或管道时，必须将原储存残留物彻底清洗干净，并经有关人员用专门仪器检测，确认安全无恙时，施焊前还要解除容器及管道压力，打开所有孔口，然后才能进行焊接作业。

（6）在密闭金属容器内施焊时，容器必须可靠接地、通风良好，并设专业监护。严禁向容器内输入氧气。焊接预热工件时，应有石棉布或挡板等隔热措施。

（7）从事焊接铜、铝等有色金属作业时，必须戴加厚口罩或防毒面具，并加强_____。钍钨极要放置在密闭铅盒内，磨削钍钨极时，必须戴手套、口罩，并将粉尘及时排除。

1-6 氧气瓶、乙炔瓶安全使用简介

2. 气焊（割）作业安全技术

应严格按照气焊（割）作业安全技术要求进行气焊作业，就可以防止发生烧伤、火灾爆炸等事故。

（1）从事气焊（割）作业人员，必须经过_____人员培训，取证后方可上岗操作。

（2）气焊（割）作业前，必须穿戴好工作服、工作帽、鞋盖等劳动保护用品，施焊

（割）时，要戴好适度的有色防护眼镜，以保护视力；要裹紧衣服、扎紧袖口，以防烫伤。

（3）在易燃、易爆场所施焊（割），应事先办理动火手续，取得动火证，并采取相应的防火、防爆措施，并设专人监护才可进行气焊或气割作业。在储存过易燃、易爆和有毒物品的容器或管道上气焊（割）时，必须将原储存残留物清洗干净，并经有关人员专门检测合格，确认安全无误，动火前还要打开容器和管道所有孔口，然后才可进行气焊或气割作业。

（4）气割密闭空心工件时，必须留出排气孔。焊接铅金属工件时，必须戴好防毒面具，并保证有良好的通风换气。皮肤外露部分应涂护肤油脂，工作完毕应洗漱。

（5）乙炔发生器必须设有防止回火的安全装置；球式浮筒必须有防爆球；橡胶薄膜浮桶必须装设厚度为 $1\sim1.5mm$，面积不小于浮桶断面积的 $60\%\sim70\%$ 的橡胶膜。氧气表和乙炔表应定期校验。

（6）氧气瓶、乙炔发生器及橡胶软管接头、阀门及紧固件应连接牢固可靠、严密，不许有漏气现象发生；氧气瓶、氧气表及焊割工具上，严禁沾染_____；禁止使用易产生火花的工具去开启氧气或乙炔气阀门。

（7）氧气瓶、乙炔瓶（或乙炔发生器）应分开单独存放在阴凉通风处，乙炔瓶、氧气瓶的安全距离不得小于_____m。严禁与易燃气体、油脂及其他易燃物质放在一起，运送时必须分别单独进行。氧气瓶应有防震圈，旋紧安全帽，避免碰撞和剧烈振动，要防止暴晒。冻结时应用热水加热，不准用火烤。乙炔气胶管用后需清除管内积水。胶管、防止回火的安全装置冻结时，应用热水或蒸汽加热解冻，严禁用火烘烤。检查气焊（割）设备、附件及管路是否漏气，要用肥皂水涂抹检查，严禁用明火检查。

（8）乙炔发生器应每天换水，严禁在浮桶上放置物料，不准用手在浮桶上加压或摇动。夜间添加电石，严禁用明火照明。移动或搬运电石桶时，应将桶上的小盖打开，并注意要轻搬轻放。开电石桶时，头部要闪开，不得用金属工具敲击电石桶盖。

（9）工作完毕或离开作业现场时，应将氧气瓶、乙炔瓶气阀关好，拧上安全帽。如采用乙炔发生器时，应将乙炔浮桶提出，卧放地面，禁止扣放在地上，并检查操作场地，确认无着火危险，方可离开作业现场。

3. 现场施工用电安全技术

现场施工作业，常易发生触电事故，操作人员应认真学习、执行《施工现场临时用电安全技术规范》JGJ 46—2005，时刻牢记现场施工用电安全技术的要求，以防止现场触电事故的发生。

1-7 触电急救

（1）施工现场临时用电线路的架设必须严格执行《施工现场临时用电安全技术规范》JGJ 46—2005 的规定。实行_____、二级保护，每台设备必须实行"一机、一闸刀、一漏电保护器、一闸刀箱"。施工用的动力电源，由专业电工负责安装架设，并试运行合格，经验收交付使用。项目经理部应安排一个经特种作业安全操作培训、取证的电工负责管理现场的临时用电工作，要求切实做到：装得安全，拆得彻底，检查经常，修理及时。其他人员不得乱动用电设备和线路。

（2）施工现场专用的中性点直接接地的电力线路必须采用三相五线制，电气设备的金属外壳必须与专用_____连接。地下室、潮湿地点、金属容器内的施工照明用电必须使用安全电压，不同的电压线路不能混放在一起，应分开架设。现场的动力、照明线路的架设，不得利用树干、金属脚手架或其他易晃动的立木代替电线杆。

（3）施工现场所有的移动式电闸箱，应装设_____，不得以铝丝、铜丝或其他金属代替熔断丝，并采取防雨、防火措施。闸箱不用时要切断电源，锁好闸箱。

（4）电气机械设备的额定工作电压必须与电源电压等级相符，其安全装置必须齐全有效，严禁用独股导线、自来水管道、暖气管道等当作_____使用。电气机械设备每个接地点应以单独的接线与接地干线相连接。严禁在一个接地线中串接几个接地点。

（5）低压线路装置中，严禁利用_____作零线供电。不得借用机械本身钢结构作工作零线。保护零线上不得加装熔断器或断路设备。

（6）严禁_____作业，检修电气设备前必须切断电源并在电源开关上挂"禁止合闸，有人工作"的警告牌。警告牌的挂、取应由专人负责。电气装置遇到跳闸时，不得强行合闸，应查明原因，排除故障后再行合闸。

（7）发生人身触电时，应立即_____电源，然后对触电者进行紧急救护。严禁在未切断电源之前与触电者接触。

【任务实施】

通过任务学习，现对本案例进行原因分析，并制定相应的施工安全技术规范。

案例	浙江杭州某工地施工期间为赶工期采取 24 小时连续作业，7 月 6 日夜（高考前夕）12 时周围居民因施工噪声影响学生复习为由冲进现场阻止施工，现场工人以工期紧为由不停止施工，造成冲突被迫停工。
事件分析	
施工安全技术规范	

【活动评价】

知识内容自评：20％

施工安全技术掌握：很好□较好□一般□还需努力□

高空作业安全技术掌握：很好□较好□一般□还需努力□

吊装安全技术掌握：很好□较好□一般□还需努力□

焊接安全技术情况：很好□较好□一般□还需努力□

小组互评：40％

团队合作及整体完成效果：很好□较好□一般□还需努力□

教师评价：40％

内容学习及完成效果：很好□较好□一般□还需努力□

【知识链接】

1. 现场安全急救措施、安全生产条例等。
2. 建筑合同法、劳动法等相关法律法规。

【任务总结及评价】

1. 根据任务学习过程及完成情况，汇报学习成果。

2. 根据所学知识，找出安全晨会中忽略的问题以及补救的措施。

自评	互评	师评

1-8 学习活动2课后作业答案

【课后作业】

单选题

1. 施工现场应建立必要的（　　　）。未经安全验收或安全验收不合格，不得进入后续工序或投入使用。

A. 质量验收标识

B. 安全验收标识

C. 安全生产标识

D. 质量合格标识

2.（　　　）的安全职责通常纳入安全生产责任状。

A. 项目负责人

B. 项目总管

C. 项目经理

D. 施工单位负责人

3.（　　　）是实现"安全第一"的基础。

A. 预防为主

B. 生产服从安全

C. 安全生产

D. 质量第一

4. 遇到什么天气不能从事高空作业（　　　）

A. 6 级以上的风天和雷暴雨天

B. 冬天

C. 30 度以上的热天

D. 0 级以下风

5. 高空作业按国家标准《高处作业分级》GB/T 3608—2008 规定是指"凡在坠落高度基准面_____以上有可能坠落的高处进行的作业"。

A. 2.0m

B. 2.5m

C. 3m

D. 5m

6. 遇到（　　　）级以上大风及大雨、大雪、大雾等恶劣天气，应停止吊装作业。

A. 5

B. 6

C. 7

D. 8

7. 两人抬东西时应该（　　　）

A. 一前一后走

B. 上体微后倾

C. 上体微里斜肩相靠

D. 上体微前倾

8. 焊工推拉闸刀开关时，要求_____。

A. 戴好干燥手套，头部不要正对电闸

B. 赤手，头部不要正对电闸

C. 戴好干燥手套，头部正对电闸

D. 手持焊条接触闸柄，头部正对电闸

9. 根据《焊接与切割安全》GB 9448—1999 的规定，使用中的乙炔瓶与明火、焊割作业点等的距离应不小于_____。

A. 5m

B. 10m

C. 15m

D. 20m

10. 气瓶在储存时应与可燃物、易燃液体隔离，并且远离容易引燃的材料（如木材、包装材料、油脂等）至少_____m 以上。

A. 3

B. 4

C. 5

D. 6

Chapter 02

学习任务**2**

镀锌钢管施工技术

学习目标

1. 学会分析模拟案例，通过案例分析掌握施工技术要求。

2. 根据实际情况，学会进行班组分配与管理。

3. 能够在施工过程中能正确掌握相关技术，合理使用机具，严格按照操作规程进行施工，并且能对施工过程进行有效的记录。

4. 能将提前预设情景转化成施工现场，并在实训室内模拟正确并安全的完成。

5. 熟悉施工过程中的新技术、新工艺、新材料，能够对现有材料、技术提出一定的见解。

6. 能够对今后从事的工作有一个比较基础的认识，并且了解今后工作的环境。

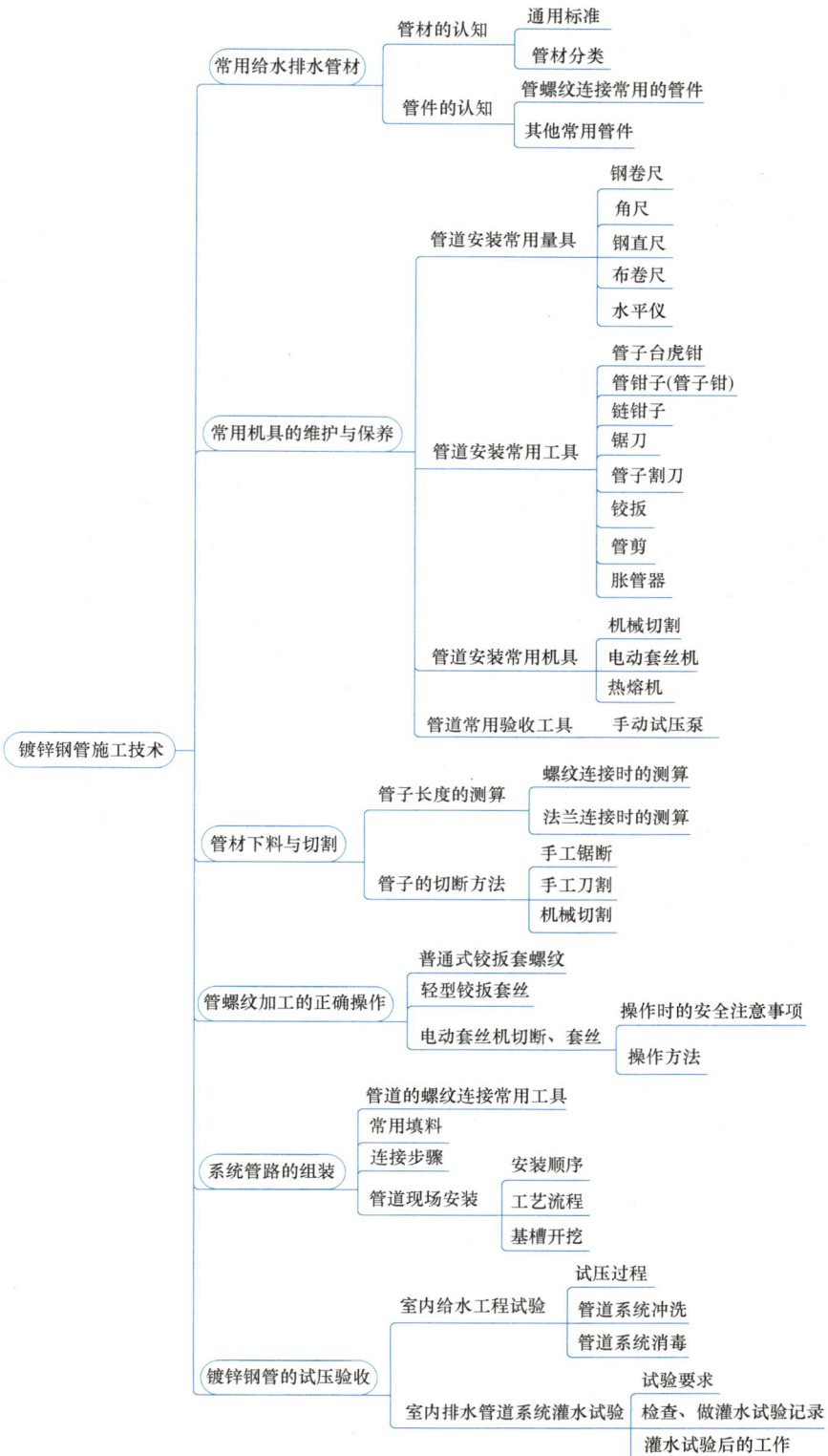

镀锌钢管施工技术
- 常用给水排水管材
  - 管材的认知
    - 通用标准
    - 管材分类
  - 管件的认知
    - 管螺纹连接常用的管件
    - 其他常用管件
- 常用机具的维护与保养
  - 管道安装常用量具
    - 钢卷尺
    - 角尺
    - 钢直尺
    - 布卷尺
    - 水平仪
  - 管道安装常用工具
    - 管子台虎钳
    - 管钳子(管子钳)
    - 链钳子
    - 锯刀
    - 管子割刀
    - 铰扳
    - 管剪
    - 胀管器
  - 管道安装常用机具
    - 机械切割
    - 电动套丝机
    - 热熔机
  - 管道常用验收工具
    - 手动试压泵
- 管材下料与切割
  - 管子长度的测算
    - 螺纹连接时的测算
    - 法兰连接时的测算
  - 管子的切断方法
    - 手工锯断
    - 手工刀割
    - 机械切割
- 管螺纹加工的正确操作
  - 普通式铰扳套螺纹
  - 轻型铰扳套丝
  - 电动套丝机切断、套丝
    - 操作时的安全注意事项
    - 操作方法
- 系统管路的组装
  - 管道的螺纹连接常用工具
  - 常用填料
  - 连接步骤
  - 管道现场安装
    - 安装顺序
    - 工艺流程
    - 基槽开挖
- 镀锌钢管的试压验收
  - 室内给水工程试验
    - 试压过程
    - 管道系统冲洗
    - 管道系统消毒
  - 室内排水管道系统灌水试验
    - 试验要求
    - 检查、做灌水试验记录
    - 灌水试验后的工作

建议学时

40 学时

学习地点

建筑给水排水一体化教室

工作流程与活动

学习活动 1　常用给水排水管材

学习活动 2　常用机具的维护与保养

学习活动 3　管材下料与切割

学习活动 4　管螺纹加工的正确操作

学习活动 5　系统管路的组装

学习活动 6　镀锌钢管的试压验收

案例情境描述

　　某商业综合体大楼因为各种原因，其主体结构已经完成五年，但一直未进行装修。现通过招标投标，由某物业集团进行消防管网及供水干管进行改造，将该烂尾楼进行升级换代，形成附近地区最具现代化的综合体大楼。该物业公司将本项目作为标志项目进行立项，并聘请当地最高学府的教授作为本次升级改造的指导专家，由公司内部抽调骨干，组成设计、施工、监管"全寿命"式工作小组，并对施工现场进行 24 小时无死角监控，充分利用 BIM 等辅助手段确保工程有序、保质、定期完成。

　　本工程属于"烂尾楼"，停工时间过长，原有管路无法使用、预留孔洞无法保证、原有设计落后等原因，所以本工程需要在原有主体结构基础上进行二次设计，并对原有主体结构进行实地勘察，以确保改造工程顺利施工。另外通过使用先进的辅助手段，在施工中能减少一定的难度。

学习活动 1　常用给水排水管材

学习目标

1. 熟练识别管材常用型号、规格及用途。

2. 准确表述不同管材、管件的适用场合。

3. 能对模拟现场进行合理的选材。

4. 通过学习能够为今后从事材料采购、管理、现场验收等方面工作打下基础。

建议学时

5 学时

学习地点

建筑给水排水一体化教室

学习准备

多媒体课件、实习手册（工作页）

资料：《给水排水工程施工技术》、《给水排水管道工程施工及验收规范》GB 50268、《建筑给水排水及采暖工程施工质量验收规范》GB 50242、《管道施工作业安全操作规程》《建设给水排水工程施工质量管理条例》《建筑法》《消防法》等。

学习过程

【学习支持】

管道工程中最主要的施工材料是管子和____以及_____。管子主要用于输送介质，管件是用于管材的____、____、____和_____的配件。

能列举出生活中常用的管材有哪些？主要用于哪些场合？

_____

_____

_____

2.1.1 管材的认知（图 2-1）

1. 通用标准

请查阅资料，描述以下概念：

（1）公称直径_____

（2）公称压力_____

（3）工作压力_____

2. 管材分类

（1）金属管材

常见有：_____等。

（2）非金属管材

常见有：_____等。

（3）复合管材

常见有：_____等。

> 2-1 砂轮机与不同钢材产生的火花

图 2-1 各种管材（一）

图 2-1 各种管材（二）

2.1.2 管件的认知

1. 管螺纹连接常用的管件（图 2-2）

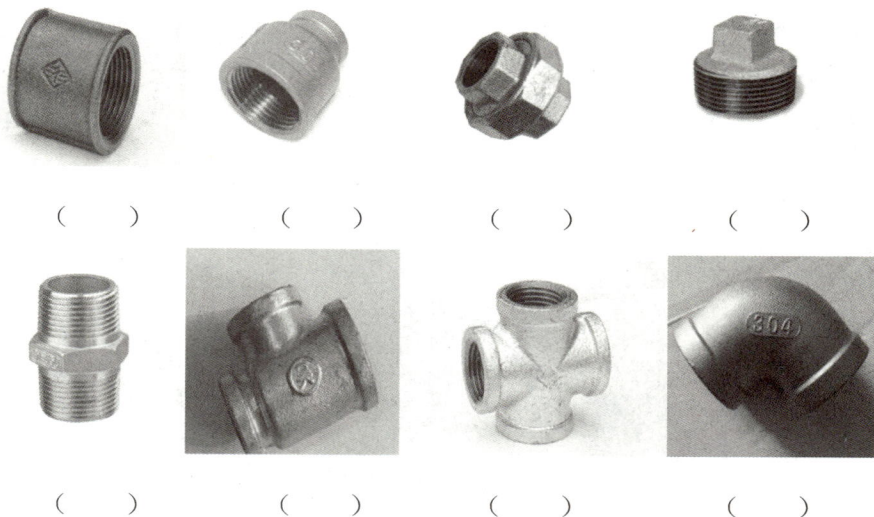

（ ） 　　（ ） 　　（ ） 　　（ ）

（ ） 　　（ ） 　　（ ） 　　（ ）

图 2-2 常用管件

2. 其他常用管件（图 2-3）

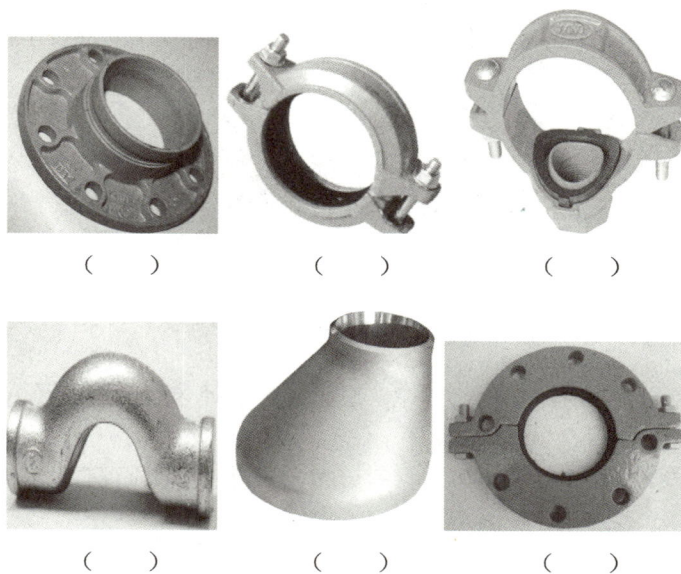

（ ） 　　（ ） 　　（ ）

（ ） 　　（ ） 　　（ ）

图 2-3 其他管件

【任务实施】

1. 实训材料

（1）圆钢、扁钢、角钢、槽钢、工字、钢板（尺寸不限）；

（2）合金钢、碳素工具钢、高速钢各一块；

（3）塑料（PPR聚丙烯管、PVC聚氯乙烯管、PTFE生料带）；

（4）石棉、橡胶、麻丝、铅油、沥青、银粉漆、水泥；

（5）镀锌钢管、黑铁管、无缝钢管、铸铁管；

（6）弯头、三通、管接、活接头、堵头、阀门、存水弯。

2. 实施步骤

（1）实习指导老师在砂轮机上打磨各类钢材，学生观察火花形状及分辨打磨的声音，判断钢材的类别和牌号（图2-4）。

图2-4　打磨

（2）组织学生观看其他有色金属材料实物（图2-5）。

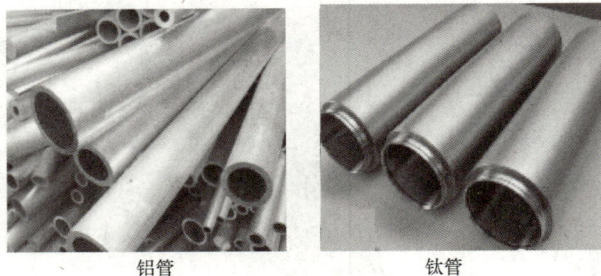

铝管　　　　　　　　钛管

图2-5　其他有色金属管

（3）测量各类管子的内、外径、壁厚。思考公称通径与管子内外径的关系。

（4）练习目测管径。

（5）学生动手管材管件分类。按照材料分类方式进行分类归箱。

【活动评价】

知识内容自评：20%

材质区分情况掌握：很好□较好□一般□还需努力□

管材型号区分情况掌握：很好□较好□一般□还需努力□

管配件型号掌握：很好□较好□一般□还需努力□

分类练习情况：很好□较好□一般□还需努力□

小组互评：40％

团队合作及整体完成效果：很好□较好□一般□还需努力□

教师评价：40％

内容学习及完成效果：很好□较好□一般□还需努力□

【知识链接】

1. 新材料的应用（十项新技术）。

2. 管材生产加工方法，环境保护法等。

3. 行业质量管理相关条例。

【课后作业】

2-2 学习活动1课后作业答案

单选题

1. PN 表示管道压力中的（   ）。

A. 试验压力

B. 公称压力

C. 工作压力

D. 设计压力

2. 按材质的不同，管道可分为金属管、非金属管和（   ）。

A. 焊接钢管

B. 塑料管

C. 复合管

D. 铸铁管

3. 在管道安装施工中，（   ）不宜直接焊接。

A. 碳素钢管

B. 无缝钢管

C. 镀锌钢管

D. 螺纹钢管

4. 排水铸铁管用于重力流排水管道，常用连接方式为（   ）。

A. 承插

B. 螺纹

C. 法兰

D. 焊接

5. 以下管材可以热熔连接的是（   ）。

A. 冷镀锌钢管

B. 热镀锌钢管

C. 铸铁管

D. 塑料管

6. 镀锌钢管规格有 $DN15$、$DN20$ 等，DN 表示（　　）。

A. 内径

B. 外径

C. 公称直径

D. 中径

7. 下列管材中属于非金属材料的是（　　）。

A. 铸铁管

B. 铝塑复合管

C. 玻璃管

D. 有色金属管

8. 无缝钢管 $D108 \times 6$ 表示管子的（　　）为 108mm。

A. 外径

B. 中径

C. 内径

D. 壁厚

9. 手工套螺纹时，对于 DN50 以上的管子要分成（　　）套成。

A. 1 次

B. 2 次

C. 3 次

D. 5 次

10. 工作温度低于（　　）的管道，其螺纹接头密封材料宜选用聚四氟乙烯带。

A. 50℃

B. 100℃

C. 150℃

D. 200℃

学习活动 2　常用机具的维护与保养

学习目标

1. 能进行工具、电动工具和机具的基本操作。

2. 能进行管子铰板、管子割刀、电动机具的拆卸和维修等操作。

建议学时

10 学时

学习地点

建筑给水排水一体化教室

学习准备

多媒体课件、实习手册（工作页）、管子台虎钳、台虎钳、管钳、链钳、114 型绞板、Q74 型绞板、十字螺丝刀、锤子、油壶、机油、麻布。

资料：《给水排水管道工程施工及验收规范》GB 50268、《建筑给水排水及采暖工程施工质量验收规范》GB 50242、《管道施工作业安全操作规程》。

学习过程

管道安装过程中专业性相对较强是我们的任务特点，安装作业所使用的施工工具、机具种类、型号繁多，正确使用和维护各种工具机具，是我们保障作业人员人身安全的基本要求，对我们提高设备利用率、提高施工效率和提升产品质量等等也都具有积极的意义。

【学习支持】

2.2.1 管道安装常用量具

在管道工程施工中下料、定位、样板制作、配管、设备安装、找水平等都需要专用的测量工具。工具的正确应用、维护、保养是管道工实际操作中必须掌握的基本技术，工具使用完后要注意擦干，做好防潮防锈的工作，以便保持精度。

常用的量具有：钢卷尺、角尺、钢直尺、布卷尺、水平尺等（图 2-6）。

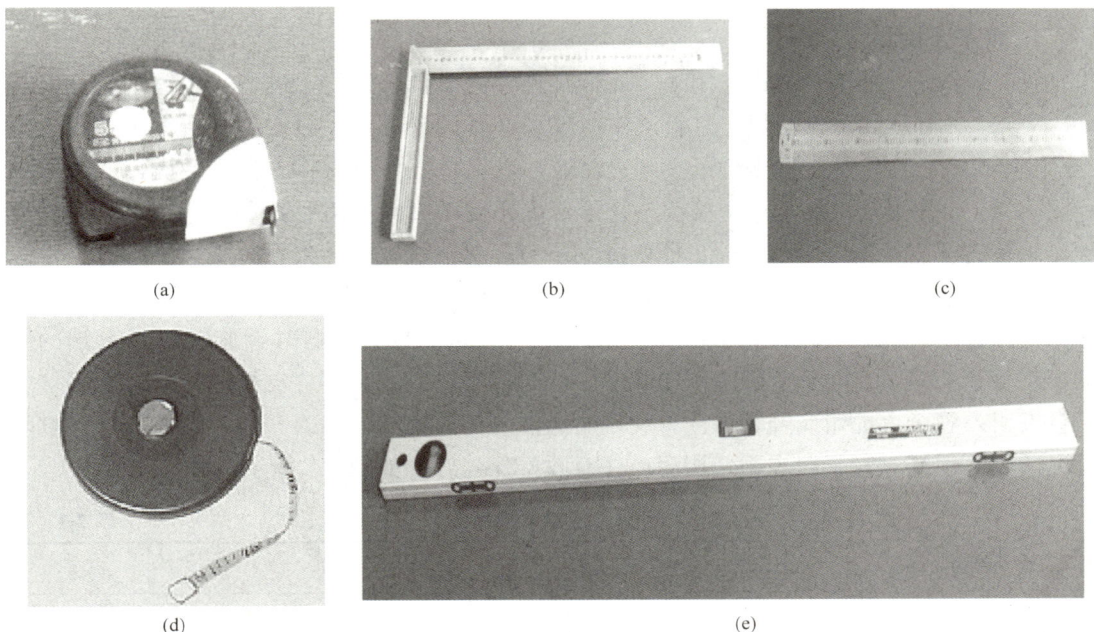

(a)   (b)   (c)

(d)   (e)

图 2-6 常用量具

1. 钢卷尺

钢卷尺是根据量件的大小和工作场合不同，有规格不同的盒尺，1m 到 5m 的盒式钢卷尺其特点是体积小，便于携带，使用时拉伸自如。是工作现场使用比较多，而且方便的测量工具。使用中要注意刻度的清洁，不要打折，以防影响测量精度。（如图_____）

2. 角尺

角尺具有圆周度数的一种角形测量绘图工具（三角尺）（如图____）。使用时测量面和基准面相互垂直，检验直角、垂直度和平行度误差，又称 90°角尺。

3. 钢直尺

钢直尺一般用于管件下料样板和测量工件时使用。画线下料时要将钢直尺放平，紧贴在工件上（如图____）。

4. 布卷尺

布卷尺用于测量管子的长度或管件管线的长度，由于尺带较长，一定要将尺带拉直。不能打折和弯曲，以免影响测量精确度（如图_____）。

5. 水平仪

2-3 水平尺的特点与使用_编号_-页码

水平仪又称水准尺，是测量管线与安装设备垂直和直线度的重要工具。水平仪上有三个气玻璃短管，分别做检测水平度，垂直度，通过观测玻璃短管上水泡的位置是否在中间部位来判断被测物体是否垂直或水平（如图_____）。

2.2.2 管道安装常用工具

1. 管子台虎钳

2-4 台虎钳的使用

管子台虎钳是用来____金属管件的工具，以便于进行管子锯削套丝安装和拆卸管件使用，是管道作业现场必备的工具。一般安装在台案上，安装是必须将台身置于台子一侧边缘处，以保持工作时操作方便。台虎钳必须用螺栓固定，要牢靠不松动。管子台虎钳由小到大有五种规格（表 2-1）：1 号台虎钳夹持管子直径为_____，2 号夹持管子直径为_____，3 号夹持管子直径_____，4 号夹持管子直径_____，5 号夹持管子直径_____。

使用管子台虎钳时，将管子放在上下牙之间适当的位置，顺时针旋转丝杆上端的阀柄，将管子掐紧，逆时针旋转是取出管子，如果管子较长，后端应支撑起来，以免损坏管子台虎钳，管子台虎钳应经常保养，使用时应注意向丝杠部位加入_____，以保证丝杠转动灵活，不生锈。管子台虎钳使用后应注意收好保养好。如图 2-7 所示。

管子台虎钳适用范围　　　　　　　　　　　　　　　表 2-1

管子台虎钳型号	1 号	2 号	3 号	4 号	5 号
适用管子公称直径（mm）	15～50	25～65	50～100	65～125	100～150

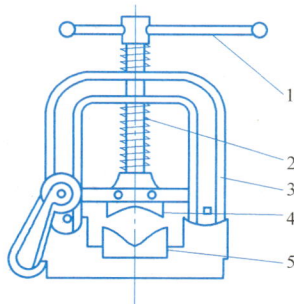

图 2-7　管子台虎钳（龙门钳）

1—____；2—____；3—____；4—____；5—____

2. 管钳子（管子钳）

管钳子又称管子扳手，是管子安装拆卸_____钢管和管件的专用工具（不同规格管钳子适用范围不同，表 2-2 列出）。

管钳子规格及适用范围　　　　　　　　　表 2-2

管钳子规格（mm）	钳口宽度（mm）	适用管子直径（mm）
200	25	3～15
250	30	3～20
300	40	15～25
350	45	20～32
450	60	32～50
600	75	40～80
900	85	65～100
1050	100	80～125

不同规格的管子应使用不同的管钳子，使用时用钳口卡住管子，通过施压，钳口上的梯形齿子将管子咬住，使管子转动。操作时一般左手轻压钳口上部，右手握住钳柄并用手向钳柄施压，手指松开以防钳口脱落误伤手指。如图 2-8 所示。

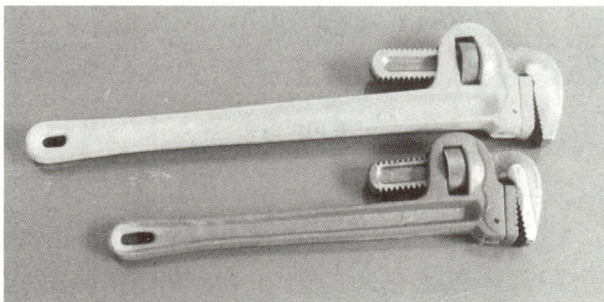

图 2-8　管钳子

3. 链钳子

链钳子（图 2-9），可用于安装和拆卸_____的螺纹连接管件，在做暂时固定和狭窄处无法用管钳进行操作时常常用链钳子，链钳子的链节要适时注油和保持清洁，以保持链节灵活以免锈蚀。链钳子适用范围见表2-3。

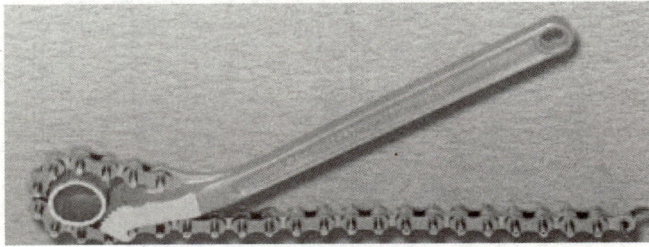

图 2-9　链钳子

链钳子规格及适用范围　　　　　　　　　　　　　　　　表 2-3

链钳子规格(mm)	适用管子直径(mm)
350	25～32
450	32～50
600	50～80
900	80～125
1200	100～200

4. 锯刀（图 2-10）

手工锯割所用的工具为锯弓架和锯条，一般适用于切断 $DN200$mm 以下的管子；钢锯条可按每 25mm 长度内的齿数分为＿＿＿（＜14 齿）、＿＿＿＿、＿＿＿＿（＞22 齿）三种规格，锯割时要求有 3 个锯齿同时参与切割，否则容易卡掉锯齿，因此锯割时应根据管子的壁厚合理选择锯条。一般地说，$DN40$mm 以下的管子宜选用＿＿＿＿＿，$DN50$～$DN200$mm 的管子可用＿＿＿＿＿。

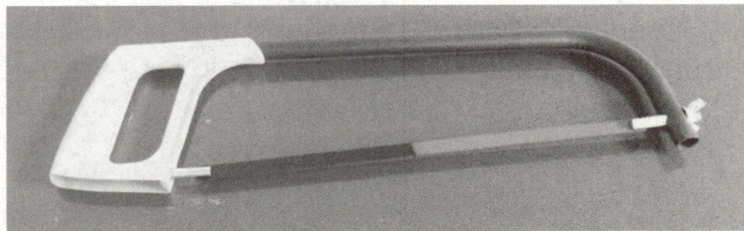

图 2-10　锯刀

5. 管子割刀（图 2-11）

管子割刀（又称割管器）如图 2-11 所示，切割管子的方法称为刀割。割刀由滚刀、压紧滚轮、滑动支座、螺杆、螺母及手轮等组成；割刀的选用见表2-4。

割刀规格及适用范围　　　　　　　　　　　　　　　　表 2-4

割刀型号	1 号	2 号	3 号	4 号
适用管子公称直径(mm)	15～25	25～50	50～80	80～100

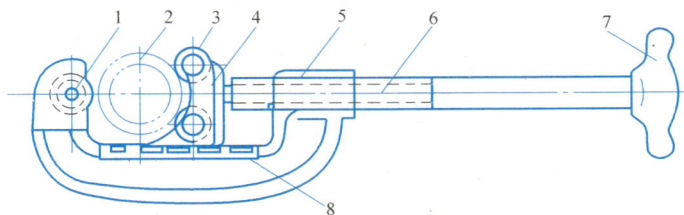

图 2-11　管子割刀

1—_____；2—被割管子；3—_____；4—滑动支座；
5—螺母；6—螺杆；7—把手；8—滑道

6. 铰板

手工套螺纹常用的工具有普通式铰板和轻便式铰板，管道工程施工中多选用普通式铰板（图 2-12），轻便式铰板一般用于管道的维修等工作量较小的场合（图 2-13）。

以一个 117 型的手动铰板适用于 1/2～4′的钢管外螺纹的加工。主体由本体、板牙、卡具组成，铸铁本体上装有卡板、板牙、压紧螺丝、后卡板、卡爪、手柄等。当转动前卡板时，卡板上的螺旋形滑轨，能使有槽的板牙向中心合拢或离开。转动后卡板时螺旋滑轨能带动三个卡爪向卡板中心合拢或离开。三个卡爪是用于管子定位的，它保证管子中心与铰板的中心相重合，避免铰制的螺纹偏心。

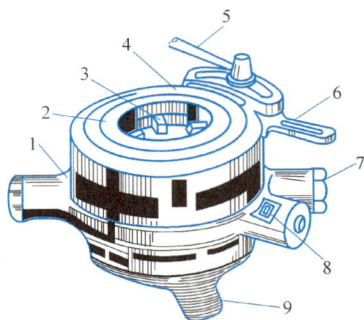

图 2-12　普通铰板及结构

写出上述铰板 1～9 个部位名称：

_____、_____、_____、_____、_____、

_____、_____、_____、_____。

7. 管剪

管剪（图 2-14），是 PPR 管手动切割工具，其工作原理类似于剪刀。适用于管径

图 2-13 轻便式铰板

$DN50$ 以下_____塑料管，可快速切断、修平断面等。大口径塑料管则需要用切割机。

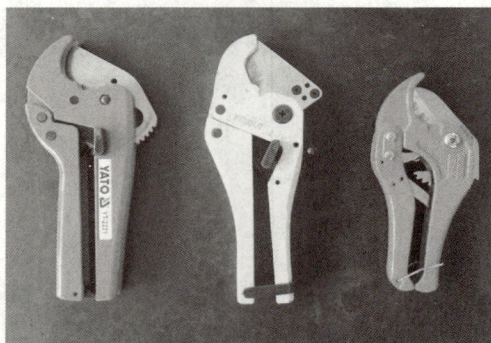

图 2-14 管剪

8. 胀管器

指根据金属具有塑性变形这一特点，用胀管器将管子____固定在管板上的连接方法。多用于铜管的连接，比较适合生活饮用水系统管道连接（图 2-15）。

工作过程是：将胀管器插入管子头，使管子头发生塑性变形，直至_____在管板上，并使管板孔壁周围发生变形，然后拔出胀管器。由于管子发生的是塑性变形，而管板仍然处在弹性变形状态，扩大后的管径不能缩小，而管板孔壁则要弹性恢复而使孔径变小（复原），这样就使管子与管板紧紧地连接在一起了。利用管端与管板孔沟槽间的变形来达到紧固和密封的连接方法。用外力使管子端部发生塑性变形，将管子与管板连接在一起，又叫胀管。

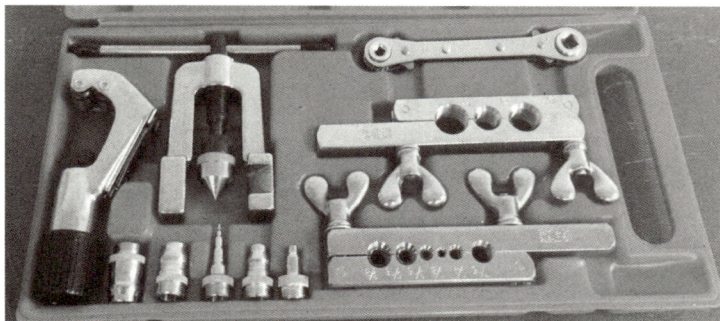

图 2-15　胀管器

2.2.3　管道安装常用机具

1. 机械切割

机械切割可以减轻工人的_____，常用的方法有_____锯割、____割、在电动套丝机上用_____割断等（图 2-16）。

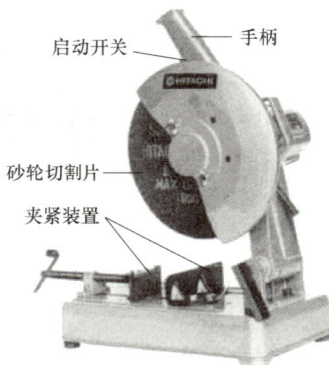

启动开关　　手柄

砂轮切割片

夹紧装置

图 2-16　砂轮切割机

2. 电动套丝机

机器的组成：电动套丝机可进行管子的切断、套丝和扩口，图 2-17 是"EMERSON"牌 RT-2 型电动套丝机的结构图，需要说明的是不同厂家、不同规格的机器在结构和外观上会略有不同，但主要的功能是一样的。

2-5 电动套丝机的使用

3. 热熔机（图 2-18）

热熔机（如图 2-18），通过电加热促使管件内外表面融化成_____，从而进行连接的设备。焊接时，预先把待焊两工件的端头清理干净，将管材外表面和管件内表面同时____地插入熔接器的模头中加热数秒，然后迅速撤去熔接器，把已加热的管子快速地垂直插入管件，保压、冷却的连接过程。一般用于 4″以下小口径塑料管道的连接。连接流程如下：检查→切管→清理接头部位及划线→加热→撤熔接器→找正→管件套入管子并校正→保压、冷却。

图 2-17　电动套丝机的结构图

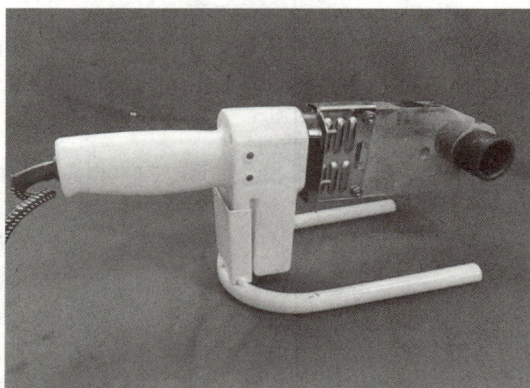

图 2-18　热熔机

2.2.4　管道常用验收工具——手动试压泵

试压泵（图 2-19），是专供管道等作水压试验和实验室中获得高压液体的_____设备。试压泵分为三种：_____、_____和_____。试压泵具有结构紧凑、合理、操作省力、整机重量轻、维修方便，大大地提高工作效率等特点。

（1）试压泵开始使用前应详细检查各部件连接处是否拧紧，压力表是否____，进出水管是否_____好，本泵工作介质为 5～50℃ 清水、乳化液或运动黏度小于 45mm^2/s 的油器。禁止使用有泥沙及其他污染物的不清洁水。

（2）为提高试压效率、可先将被测试容器或设备先注满水，再接试压泵的出水管。

（3）在试压过程中，若发现水中有多量空气可_____，把空气放掉。

（4）在试压过程中若发现有任何细微的掺水现象，应立即_____进行检查和修理，严禁在掺水情况下继续加大压力。

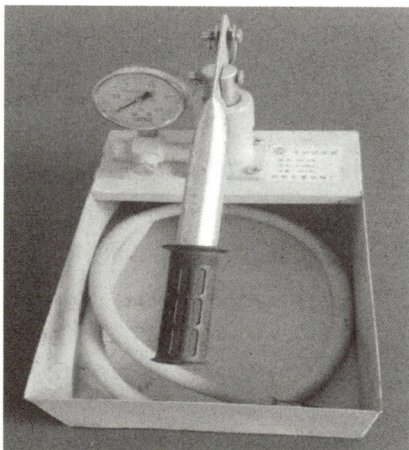

图 2-19　手动试压泵

（5）试压完毕后，先松开_____，压力下降，以免压力表损坏。

（6）试压泵不用时，应放尽_____，吸进少量_____，防止锈蚀。

2.2.5　注意事项

（1）量具使用过程中，首刻度容易偏差，在进行精确测量时应使用后续完整刻度。

（2）水平尺使用前应将尺体擦洗干净，使用时应轻拿轻放，用下平面测量，使用中严禁碰撞，定期到计量单位鉴定。

（3）因为各种工具均为可拆卸维修工具，学生在操作时需要注意小型配件的保护。

（4）电动机具在使用时严禁佩戴手套进行开机操作，更换操作步骤时必须切断电源。

（5）热熔机在使用完毕后必须等待其冷却后才能进行收储，并且在冷却过程中必须要有人员看管或移至无人经过区。

【任务实施】

1. 演示锯弓的安装与使用（锯条锯齿的方向，锯条松紧程度）。

选好锯条锯片→按正方向安装→掌握用力→防止锯偏→适当调整锯片、润滑、降温→将要完成时防止断口→小心碰伤、防止锯条锯片损坏。

2. 演示管子割刀割片的安装、使用。

选好刀具→掌握垂直度→旋转适宜→用力均匀→用力不要过大避免损坏刀片→适当回刀、不可强转→检查管口，保证内径偏移量。

3. 演示管子铰板的拆卸、清洗、板牙安装。

松开标盘固定把手→旋转到位后退出板牙→松开固定盘→打开固定标盘并倒置→松开后卡爪手柄→取出固定转子。

4. 分组练习：割刀、锯刀、管子铰板的拆卸，清洗，安装，调试等。

5. 演示机具使用和维护。

【活动评价】

知识内容自评：20％

常用工具使用掌握：很好☐较好☐一般☐还需努力☐

常用工具保养掌握：很好☐较好☐一般☐还需努力☐

工具、机具选择情况掌握：很好☐较好☐一般☐还需努力☐

自我练习情况：很好☐较好☐一般☐还需努力☐

小组互评：40％

团队合作及整体完成效果：很好☐较好☐一般☐还需努力☐

教师评价：40％

内容学习及完成效果：很好☐较好☐一般☐还需努力☐

【知识链接】

1. 测量工具中的：木折尺、方水平尺、卡尺、铅锤等知识扩展。

2. 管加工工具中的：轻便式铰板、丝锥、扳手、等工具的使用方法及保养注意事项。

3. 管子安装过程中的：电动坡口器扩口器、电动弯管器、电锤、手电钻等机具的使用。

4. 了解管道工常用吊装机具：千斤顶、倒链、滑轮、索具等。

2-6 学习
活动2课后
作业答案

【课后作业】

单选题

1. 管道切割时，切口平面倾斜偏差应不大于管子直径的2％，且不得超过（   ）mm。

A. 1

B. 2

C. 3

D. 4

2. 手工除锈时，先用（   ）敲击厚锈，再用钢丝刷打磨，直至露出金属光泽。

A. 锉刀

B. 榔头

C. 木棒

D. 扳手

3. 管子螺纹加工后，应用（   ）将管件收紧，直到拧紧。

A. 管子钳

B. 台虎钳

C. 管铰板

D. 扳手

4. 手工套螺纹时，铰板前进旋转的方向是（　　　）。

A. 顺时针方向

B. 逆时针方向

C. 先顺时针后逆时针

D. 先逆时针后顺时针

5. 采用手工铰板加工管螺纹时，常出现的缺陷不包括（　　　）。

A. 螺纹不正

B. 偏牙螺纹

C. 螺纹不光或断牙缺口

D. 管径不符

6. 螺纹加工后，应用锉刀把管子（　　　）清理干净。

A. 端面毛刺

B. 铁锈

C. 镀锌层

D. 前面两扣

7. 塑料管切断时，应使用专用（　　　）垂直切割管材，切口应光滑、无毛刺。

A. 锯弓

B. 切刀

C. 割钜

D. 砂轮切割机

8. 用砂轮切割机切割不锈钢管道时，切割面与管道轴线应（　　　），无毛刺。

A. 平行

B. 垂直

C. 交叉

D. 倾斜

9. 切割不锈钢管道不可以采用的工具是（　　　）。

A. 砂轮切割机

B. 手工钢锯

C. 錾子

D. 螺纹切管机

10. 不锈钢管道弯曲时可采用的机具有（　　　）。

A. 电动弯管机

B. 錾子

C. 钢锯

D. 电动套丝机

学习活动 3　管材下料与切割

学习目标

1. 熟练应用管工基本操作技术。
2. 能够根据图纸进行不同管材的下料与切割。
3. 学会钢管的锯割和锉削。

建议学时

5 学时

学习地点

建筑给水排水一体化教室

学习准备

多媒体课件、实习手册（工作页）

锯弓、$DN32$ 镀锌钢管、角尺、卷尺、石笔、锯条，油毡纸。

资料：《给水排水管道工程施工及验收规范》GB 50268、《建筑给水排水及采暖工程施工质量验收规范》GB 50242、《管道施工作业安全操作规程》。

学习过程

【学习支持】

管道施工是一个复杂的工艺，需要施工人员会多种工艺知识，包括：锯、切、磨、锉、焊接、气割、錾削、钻孔，绞丝等。

2.3.1　管子长度的测算

1. 螺纹连接时的测算

如图 2-20 所示的管段，我们把两管件（或阀门）中心线之间的长度称为构造长度（L_1），管段中管子的实际长度称为下料长度（S），管道连接过程中，当待连接处所需管子的长度小于 6m 时（市场上出售的镀锌管其长度为 6m），才需要进行管子实际下料长度的测算。

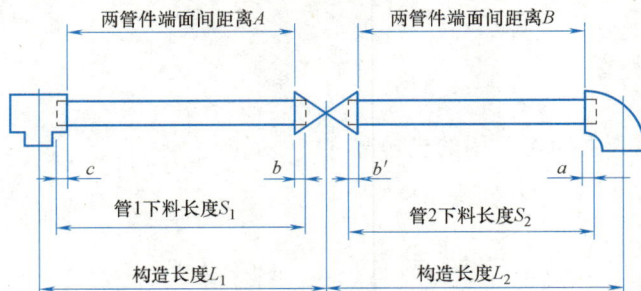

图 2-20　管子长度测算简图

测算方法如下：

将两管件（或阀门）按构造长度（L）摆在相应的位置，测出两管件（或阀门）端面间的距离（A 或 B），然后加上管子拧入两管件（或阀门）的长度（图 2-20 中 a、b、b′、c）即为所需的管子实际下料长度。实际下料长度 $S_1=$ _____ 实际下料长度 $S_2=$ _____，管子拧入管件的螺纹深度参（见表 2-5），实际施工时因管子直径及螺纹的松紧不同，实际拧入长度与表中数值会有出入。当管子与阀门相连时，管子拧入阀门的最大长度可在阀门上直接量出。

管子拧入管件的螺纹深度　　　　　　　　　　表 2-5

公称直径 DN（mm）	15	20	25	32	40	50	65	80
拧入深度（mm）	10.5	12	13.5	15.5	16.5	17.5	21.5	24

2. 法兰连接时的测算

管子实际下料长度的测算方法与螺纹连接时相似。

2.3.2　管子的切断方法

镀锌管常用的切断方法主要有手工锯割、手工刀割、机械切割等。

1. 手工锯割（图 2-21）

为保证切割断面与管子中心线垂直，锯割前需沿垂直于管子中心线方向，先用样板划好管子切断线；划线样板可采用较厚的纸张等不易折断的材料制成，样板长度为 л·(D−2)（其中 D 为管子外径），宽度 50～100mm，划线时将样板的一侧对准下料尺寸线处，并使样板紧紧包住管子，用划针或石膏笔沿样板侧面绕管子画一圈。锯割时将管子夹持在管子台虎钳（又称管压钳）上，锯割过程中要始终保持锯条与管子中心线垂直，若发现锯口歪斜，可将锯弓反方向偏移，待锯缝回复原线后再扶正锯弓继续锯割，锯割较大的管子时可适当地向锯口处滴入机油以减少摩擦力；快要锯断时，锯割速度要_____，力度要小，必须用锯断的方式而不能剩余一些用_____来代替锯割，以免管子变形而影响螺纹的套制及安装质量。夹持管子时，管子台虎钳型号应与管子的规格相适应，若用大号管子台虎钳夹持小管子，容易压扁管子。

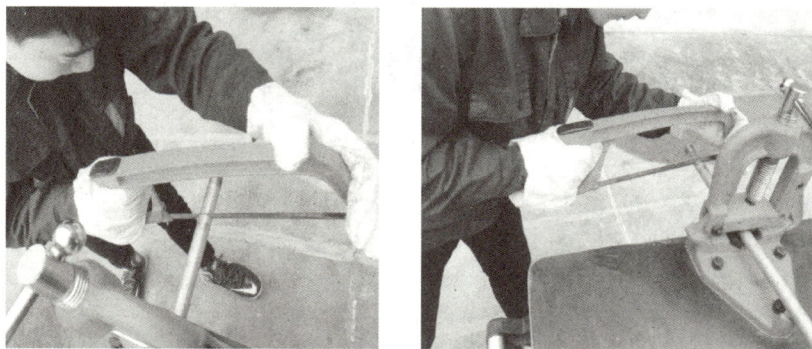

图 2-21　手工锯割

2. 手工刀割

用管子割刀切割管子的方法称为刀割。割管时必须将管子穿在割刀的两个压紧轮与滚刀之间，刀刃对准管子上的切断线，转动把手7使两个滚轮适当压紧管子，但压紧力不能太大，否则转动切刀将很困难，还可能压扁管子；转动割刀之前，先在割断处和滚刀刃上加适量机油，以减少刀刃的磨损；每转动割刀一圈拧紧把手一次，滚刀即可不断地切入管子直至切断。若滚刀的刀刃不锋利或刀刃存在缺口等现象时需要及时更换滚刀（图2-22）。

图 2-22　手工刀割

刀割的优点是切口平齐，操作简单，易于掌握，其切割速度较锯割快，但管子切断面因受刀刃挤压而使切口内径变小，两者相比，如图2-23所示。为避免因管口断面缩小而增加管道阻力，可用锉刀或刮刀将缩小的部分去除。

图 2-23　割断对比

简述上述两种切割的优缺点：

_____

_____

_____

3. 机械切割

机械切割可以减轻工人的劳动强度，常用的方法有弓锯床锯割、磨割、在电动套丝机上用切刀割断等。弓锯床锯割一般适用于壁厚大于 10mm 的管子，对较小的管子不适用；在套丝机上切割后面再详述。此处只讨论磨割。

磨割是使用砂轮切割机切断管子，切割时电动机带动砂轮片高速旋转，砂轮片不断磨切管子直至磨断为止，切割方法如下：

（1）将划好线的管子放在切割机的夹紧装置内，用手压下手柄使砂轮片靠近管子，调整管子的左右位置使砂轮片对准切割位置，然后夹紧管子；

（2）启动切割机，压下手柄使砂轮片切入管子直至切断为止；切割时压手柄的力不可过猛，以免砂轮片因受力过大而破裂，切割过程中人不可站在砂轮片一侧，以防砂轮破裂飞出伤人，若发现砂轮片转动不平稳或有冲击、振动现象，应立即停机检查砂轮片有无缺口，对已出现缺口的砂轮片必须及时更换，不得继续使用。

（3）若切口部位有较大的毛刺可在砂轮上磨去，或用锉刀锉平。

【任务实施】

1. 演示管子下料长度计算。
2. 演示正确使用锯弓进行管子锯割（特别注意锯条锯齿的方向，锯条松紧程度）。
3. 演示正确使用管子割刀进行管子切割。
4. 演示正确使用机具进行管子切割。
5. 分组练习：锯割、切割、机械加工切割以及工机具的安装，调试等。

【活动评价】

知识内容自评：20%

下料尺寸计算掌握：很好□较好□一般□还需努力□

手工锯掌握：很好□较好□一般□还需努力□

割刀等机具掌握：很好□较好□一般□还需努力□

自我练习情况：很好□较好□一般□还需努力□

小组互评：40%

团队合作及整体完成效果：很好□较好□一般□还需努力□

教师评价：40%

内容学习及完成效果：很好□较好□一般□还需努力□

【知识链接】

1. 管材切割其他工具的使用方法及保养注意事项。
2. 常用电动工具的使用安全要求。
3. 了解管道加工中自动化作业设备。

【课后作业】

单选题

1. 管道长度测算的目的是要得到管段的（　　　）。

A. 加工长度

B. 构造长度

C. 读尺长度

D. 两管件中心长度

2. 管道长度测算时应先（　　　）。

A. 比量下料

B. 配管测绘

C. 选择基准

D. 直管读尺

3. 管道安装长度的展开长度称为管段的（　　　）。

A. 加工长度

B. 构造长度

C. 读尺长度

D. 两管件中心长度

4. 两管件（或阀门）的中心线之间的长度称为（　　　）。

A. 加工长度

B. 构造长度

C. 读尺长度

D. 两管件中心长度

5. 直线管段丈量时，只需要用钢尺准确丈量实地距离即可得到管段的（　　　）。

A. 加工长度

B. 构造长度

C. 读尺长度

D. 下料长度

6. 直线管段测量时，使尺头对准管件（　　　）。

A. 外壁

B. 内壁

C. 中心线

D. 视具体情况而定

7. 设备法兰之间的管段净长度为测绘长度减去（　　　）。

A. 两片法兰及垫片的厚度

B. 两片法兰厚度

C. 垫片厚度

D. 视情况而定

8. 锯割较大的管子时，滴加润滑油的目的是（　　　）。

A. 减少摩擦力

B. 加快速度

C. 减少损耗

D. 加大受力面

9. 管子割刀在（　　　）情况下应更换滚刀。

A. 超出保修期后

B. 长时间未使用

C. 刀刃崩缺

D. 刀刃轻微磨损

10. 下列材料不能用砂轮切割的是（　　　）

A. 塑料管

B. 不锈钢管

C. 黑铁管

D. 镀锌钢管

学习活动 4　管螺纹加工的正确操作

学习目标

1. 能够准确描述镀锌钢管连接的方式。

2. 完整表述镀锌钢管螺纹加工方式。

3. 能灵活对各种不同尺寸钢管进行丝扣加工。

4. 为以后施工中遇到问题找寻解决思路。

建议学时

5 学时

学习地点

建筑给水排水一体化教室

学习准备

多媒体课件、实习手册（工作页）

DN25 镀锌钢管、DN20 镀锌钢管、114 手动绞板、Q74 手动绞板、锯架、平板锉。

资料：《给水排水管道工程施工及验收规范》GB 50268、《建筑给水排水及采暖工程施工质量验收规范》GB 50242、《管道施工作业安全操作规程》。

学习过程

【学习支持】

管道螺纹连接采用英制 55°角的管螺纹，阀件、连接件由专业厂按标准制造，其内螺纹是圆柱形，为加强接口的防水效果，要求管端加工成圆锥形外螺纹。

管子套螺纹的方法分手工套制和机械套制两种，套制的螺纹其质量要求如下：

（1）螺纹端正、不____扣、不____扣、光滑无毛刺，断口和缺口的总长度不超过螺纹全长的10%，且在纵方向上不得有断缺处相连；

（2）螺纹要有一定的_____，松紧程度要适中，螺纹套好后要用连接件试拧，以用手能拧进2～3圈为宜，过松则连接后的严密性差，过紧则连接时容易将管件或阀门胀裂，或因大部分管螺纹露在管件外面而降低连接强度（螺纹的松紧与套制时板牙位置的调整和套入管子的长度有关）；

（3）螺纹安装到管件后以尚外露_____扣为宜，管端的螺纹加工长度参见表2-6。

管螺纹加工长度　　　　　　表2-6

管子公称直径		螺纹外径	螺纹内径	螺纹最大长度(mm)		连接阀门端螺纹长度
mm	in	mm	mm	一般连接	长螺纹连接	mm
15	1/2	20.96	13.63	14	45	12
20	3/4	26.44	24.12	16	50	13.5
25	1	33.25	30.29	18	55	15
32	11/4	41.91	38.95	20	65	17
40	11/2	47.81	44.85	22	70	19
50	2	59.62	55.66	24	75	21
65	21/2	75.19	72.23	27	85	23.5
80	3	87.88	84.98	30	95	26
100	4	113	110.08	36	106	—

2.4.1　普通式铰板套螺纹（图2-24）

由于3in以上的大直径管子套螺纹劳动强度大，一般用机器套制，因此，常见的普通式铰板是2in的，它的结构如图2-25所示。通过更换板牙，可分别套制1/2″、3/4″、1″、

2-10 铰板套螺纹

图2-24　铰板

$1\frac{1}{4}''$，$1\frac{1}{2}''$、$2''$六种规格的管螺纹，相应的板牙规格有 $1/2''\sim 3/4''$、$1''\sim 1\frac{1}{4}''$、$1\frac{1}{2}''\sim 2''$三组，每组板牙有四块组成，将板牙装入铰板本体时必须按每个板牙上所标的顺序号（1～4）对号入座（____时针方向），否则将套丝乱扣或无法套丝；使用时须在手柄孔 7 上装接一根或两根长手柄。

具体步骤如下：

（1）用_____清理干净铰板本体，将与管子公称直径相对应的一组板牙按顺序插入铰板本体的板牙室内，为保证套出合格的螺纹以及减轻切削力，套制时吃刀不宜过深，一般 $DN25$mm 以下的管子可一次套成，$DN25$ 以上的管子宜分 2～3 次套成，根据以上条件，参照固定盘上的刻度将活动标盘旋转至相应的位置并固定；

图 2-25　铰板内部结构

（2）将管子_____在合适的管子台虎钳上，管端伸出台虎钳约 150mm，注意管口不得有椭圆、斜口、毛刺及喇叭口等缺陷（图 2-26）；

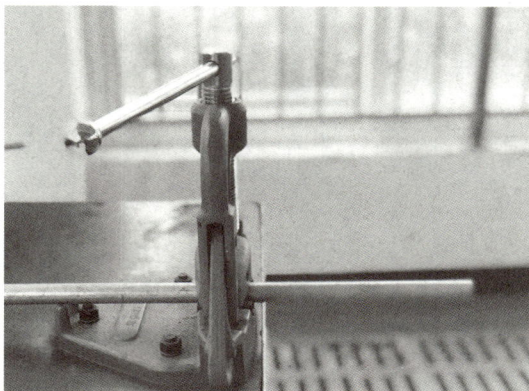

图 2-26　夹管

（3）转动铰板的后卡爪手柄使后卡爪张开至比管子外径_____，把铰板套入管子（后端先进），然后转动后卡爪手柄将铰板固定在管子上，移动铰板使板牙有 2～3 扣夹在管子上，并压下板牙开合把手；

（4）套丝操作时，人面向管子台虎钳两脚分开站在右侧，左手用力将铰板压向管子，右手握住手柄_____扳动铰板，当套出 2～3 扣丝后左手就不必加压，可双手同时扳动手柄；开始套螺纹时，动作要平稳，不可用力过猛，以免套出的螺纹与管子不同心而造成啃扣、偏扣，套制过程中要间断地向切削部位滴入机油，以使套出的螺纹较光滑以及减轻切削力；当套至接近规定的长度时，边扳动手柄边缓慢地松开板牙开合把手套出 1～2 扣螺纹，以使螺纹末端有合适的锥度（图 2-27、图 2-28）；

图 2-27　套丝准备

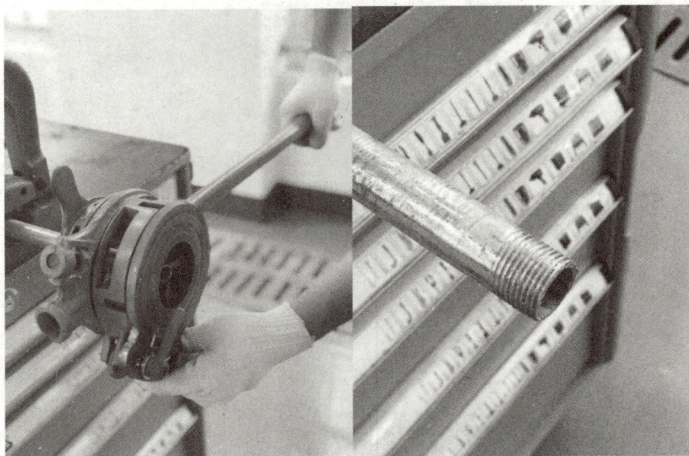

图 2-28　套丝

转动铰板的_____手柄使后卡爪张开，取出铰板，若是分次套制的，则重新调整板牙并重复步骤（2）～（5）直至完全套好为止。

2.4.2　轻型铰板套丝（图 2-29）

在一套轻型铰板中，有一个铰板和若干个已装入不同规格板牙的板牙体，套丝时根据管径选取相应的一个可换板牙体放入铰板即可使用；由于这种铰板体积较小，除了在工作台上套制螺纹外，还可在已安装的管道系统中就地套螺纹；用轻型铰板套螺纹的步骤：

（1）将管子夹紧在合适的管子台虎钳上，管端伸出台虎钳约 150mm，注意管口不得有椭圆、斜口、毛刺及喇叭口等缺陷。

（2）根据管径选取相应的一个可换板牙体放入铰板，将铰板套进管子，拨动拨叉使铰板能顺时针带着可换板牙体转动；套丝操作时，人面向管子台虎钳两脚分开站在右侧，左手用力将铰板压向管子，右手握住手柄顺时针扳动铰板，当套出 2～3 扣丝后左手就不必加压，可双手同时扳动手柄；开始套丝时，动作要平稳，不可用力过猛，以免套出的螺纹与管子不同心而造成啃扣、偏扣，套制过程中要间断地向切削部位滴入机油，以使套出的螺纹较光滑以及减轻切削力；当套至规定的长度时，拨动拨叉使铰板逆时针带着可换板牙体转动退出管子即可。若要在长度 100mm 左右的短管的两端套丝，由于如此短的管子夹持到管子台虎钳后，伸出的长度小于铰板的厚度而无法套丝，为此，可先在一根较长的管子上套好一端的螺纹，然后按所需的长度截下，再将其拧入带有管箍（直通）的另一根管子上即可夹紧在管子台虎钳上进行套丝。

图 2-29　轻型铰板套丝

2.4.3　电动套丝机上切断、套丝

1. 操作时的安全注意事项

（1）机器必须安放稳固，以确保机器不会翻倒伤人；

（2）必须使用有接地的三芯电源插座和插头，现场电源与机器标牌上指明的电源一致；维修机器时应断开电源；

（3）每天开机前先检查油箱中的润滑油是否足够，并用油壶给机身上的两个油孔注入 3～4 滴机油以润滑主轴；

（4）严禁戴手套操作机器，头发长的操作者应戴上工作帽，操作时避免穿太宽松的衣服；

（5）不可在潮湿的环境或雨中作业。

2. 操作方法

（1）管子的装夹和拆卸方法

管子的装夹和拆卸方法如图 2-30 所示，在进行切断、扩口、套丝操作前，必须将管子先夹紧在套丝机上，操作完毕再把管子拆卸下来。

1）松开前后卡盘，从后卡盘一端将管子穿入（管子较短时也可从前卡盘穿入）使管子伸出适当的长度；

图 2-30 管子的装夹和拆卸

2）用右手抓住管子，使管子大约处于三个卡爪的中心，用左手朝身体方向转动捶击盘捶击直至将管子夹紧（也可在夹住管子后，换用右手转动捶击盘将管子夹紧），若管子较长还需旋紧后卡盘；

3）拆卸管子时，朝相反方向转动捶击盘和后夹盘。

（2）切断方法（图 2-31）

1）若板牙头、倒角器、割刀器不在空闲位置，则将它们扳起至空闲位置；

2）按前述方法将管子夹紧在卡盘上；

3）放下割刀器，用手拉动割刀器手柄使管子位于割刀与滚子之间，若割刀器开度太小，则转动割刀器手柄增大其开度；

4）转动滑架手轮移动割刀器，使割刀的刀刃对准需切断的位置，并转动割刀器手柄使割刀与管子接触；

5）启动机器，用双手同时转动割刀器手柄使割刀切入管子直至切断为止；但转动割刀器手柄的力不能过猛，否则，将会造成割刀崩刃和管子变形；完成切断后，反方向转动割刀器手柄增大其开度，并将割刀器扳至空闲位置，若无需进行其他操作，则关闭机器，拆下管子。

图 2-31 管子的切断

（3）管端扩口操作方法：一般情况下管子切断后接着对管口进行倒角扩口（图 2-32）。

1）扳下倒角器至工作位置，将倒角杆推向管口，转动倒角杆手柄使其上的销子卡进槽内。

2）启动机器，转动滑架手轮将倒角器的刃口压向管口，将管口内因切断时受挤压缩小的部分切去并倒出一小角。

3）完成倒角后，转动滑架手轮使倒角器的刃口离开管口，转动倒角杆手柄使其上的销子从槽内退出，同时拉出倒角杆，将倒角器扳起至空闲位置，接着进行套丝（或停机）。

（4）套丝操作方法（图 2-33）：

1）检查板牙头上所装的扳牙及所调的位置是否与管子大小相符，丝长控制盘的刻度是否与管子大小相对应，否则，先调整好；

图 2-32　管端扩口操作

2）放下板牙头使滚子与仿形块接触；

3）启动机器，转动滑架手轮将板牙头压向管口直至板牙头在管子上套出 2～3 扣螺纹后松手，此时机器自动套丝，当板牙头的滚子超过仿形块时，板牙头会自动落下而张开板牙，结束套丝；

4）停机，退回滑架直至整个板牙头全部退出管子，然后一手拉出板牙头锁紧销，一手扳起板牙头至空闲位置。

图 2-33　套丝操作

【任务实施】

1. 演示 114 铰板的拆卸、清洗、组装步骤。
2. 演示 Q74 铰板的拆卸、清洗、组装步骤。

3. 电动套丝机的拆卸、清洗、组装步骤。

4. 分组练习：管子铰板的拆卸，清洗，安装，调试等。

【活动评价】

知识内容自评：20％

114 铰板掌握：很好□较好□一般□还需努力□

Q74 铰板掌握：很好□较好□一般□还需努力□

电动套丝机掌握：很好□较好□一般□还需努力□

自我练习情况：很好□较好□一般□还需努力□

小组互评：40％

团队合作及整体完成效果：很好□较好□一般□还需努力□

教师评价：40％

内容学习及完成效果：很好□较好□一般□还需努力□

【知识链接】

1. 管螺纹加工其他工具及使用方法。

2. 了解管道加工中 BIM 的应用技术。

2-11 学
习活动4
课后作业
答案

【课后作业】

单选题

1. 关于螺纹连接的方式，不可以连接的是（　　　）。

A. 圆柱形内螺纹套入圆柱形外螺纹

B. 圆柱形内螺纹套入圆锥形外螺纹

C. 圆锥形内螺纹套入圆锥形外螺纹

D. 圆锥形内螺纹套入圆柱形外螺纹

2. 螺纹连接操作时，填料线的缠绕方向是（　　　）。

A. 在内螺纹上对着丝头，顺时针方向缠绕

B. 在外螺纹上对着丝头，顺时针方向缠绕

C. 在外螺纹上对着丝头，逆时针方向缠绕

D. 在内螺纹上对着丝头，逆时针方向缠绕

3. 使用管子铰板套螺纹时，应套到（　　　）长度时，板牙应逐渐放松。

A. 1/4

B. 1/3

C. 2/3

D. 3/4

4. 套螺纹时，吃刀不宜太深，套完一遍后，调节一下表盘，增加进刀量，再套一遍。一般要求（　　）的管道原则上要求两次成型。

A. DN25 以内

B. DN25～DN40

C. DN40～DN50

D. DN50 以上

5. 采用手工铰板加工管螺纹时，常出现的缺陷不包括（　　）。

A. 螺纹不正

B. 偏牙螺纹

C. 螺纹不光或断牙缺口

D. 管径不符

6. 采用手工加工管螺纹，操作不正确的是（　　）。

A. 按管子直径选用相应的铰板和板牙，将板牙任意装入铰板本体中

B. 用龙门钳将管子夹紧，使管子伸出龙门钳，有足够的套丝长度

C. 调整后板使卡爪将管子卡住，调整前卡板上的刻度，使之和管径一致

D. 顺时针转动手柄，沿管子轴向加推力

7. 管螺纹加工完成后，断丝或缺丝不得超过螺纹全扣数的（　　）。

A. 5%

B. 10%

C. 15%

D. 20%

8. 螺纹加工前，应用锉刀把管子（　　）清理干净。

A. 端面毛刺

B. 铁锈

C. 镀锌层

D. 前面两扣

9. 铰板在螺纹套好后，要用连接件试一下，用手力拧进（　　）扣为宜。

A. 1～2

B. 2～3

C. 3～4

D. 4～5

学习活动 5　系统管路的组装

学习目标

1. 能够对不同管材进行选择连接方式。

2. 学会镀锌钢管的螺纹连接，能使用各种管子连接配件。

3. 通过模拟施工现场，能有效地适应今后工作环境。

建议学时

5 学时

学习地点

建筑给水排水一体化教室

学习准备

多媒体课件、实习手册（工作页）、

$DN25$ 镀锌钢管、$DN20$ 镀锌钢管、114 手动铰板、Q74 手动铰板、锯架、平板锉、管钳。

资料：《给水排水管道工程施工及验收规范》GB 50268、《建筑给水排水及采暖工程施工质量验收规范》GB 50242、《管道施工作业安全操作规程》。

学习过程

【学习支持】

常用的管道连接方式有：螺纹连接（丝接）、承插连接、粘接、熔接、法兰连接、胀管连接、焊接连接、沟槽连接等。在管路系统中往往是几种连接方式同时运用。一般管径在 150mm 以下镀锌管路（如水、煤气管），常采用螺纹连接。法兰连接（如图 2-34）主要用于需要拆卸、检修的管路上，例如水泵、水表、阀门等带法兰盘的附件在管路上的安装。

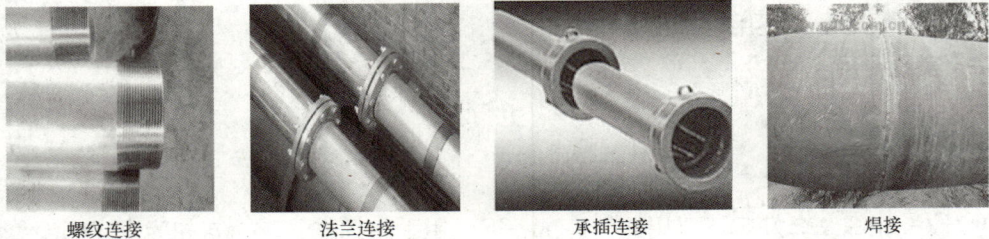

螺纹连接 法兰连接 承插连接 焊接

图 2-34　管道连接方法

铸铁管、混凝土管、缸瓦管、塑料管等常用承插连接，承插接口根据使用的材料不同分为铅接口、石棉水泥接口、沥青水泥接口、膨胀性填料接口，水泥砂浆接口、柔性胶圈接口等。焊接连接有电焊、气焊、钎焊、塑料焊接几种。电焊、气焊适用钢管的连接，钎焊适用于铜管的连接。粘接和熔接常用于塑料管道的连接。沟槽连接适用于镀锌管、钢管的连接（图 2-35、图 2-36）。

2.5.1　管道的螺纹连接常用工具

管道螺纹连接时常用的工具是管钳（俗称水管钳）、链钳、活动扳手、呆扳手等，扳

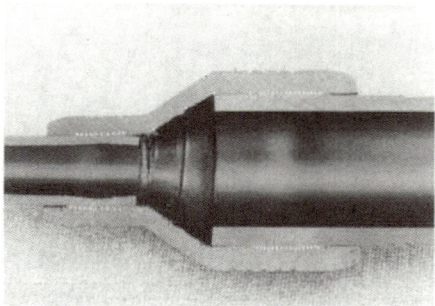

图 2-35　熔接

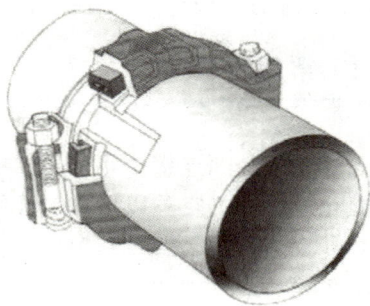

图 2-36　沟槽连接

手适用于内接等带方头的管件及小规格阀门的连接。

1. 管钳的正确使用（图 2-37）

图 2-37　管钳使用

管钳的规格是以钳头张口中心到钳把尾端的长度来标称的，若用大规格的管钳拧紧小口径的管子，虽然因钳把长而省力，但也容易因用力过大拧得过紧而胀破管件或阀门，反之，若用小管钳去拧紧大管子则费力且不易拧紧，而且容易损坏管钳；由于钳口上的齿是斜向钳口的，因此，拧紧和拧松操作时钳口的卡进方向是不同的，使用时卡进方向应与加力方向一致；为保证加力时钳口不打滑，使用时可一手按住钳头，另一手施力于钳把，扳转钳把时要平稳，不可用力过猛或用整个身体加力于钳把，防止管钳滑脱伤人，特别是双手压钳把用力时更应注意。

2. 链钳的正确使用

链钳主要运用于大口径管子的连接；当施工场地受限制用张开式管钳旋转不开时，如在地沟中操作或所安装的管子离墙面较近时也使用链钳；高空作业时采用链钳_____操作。

链钳的使用方法是：把链条穿过管子并箍紧管子后卡在链钳另一侧上，转动手柄使管子转动即可拧紧或松开管子的连接。

2.5.2 常用填料

螺纹连接的两连接面间一般要加填充材料，常见填料见表2-7，填充材料有两个作用：一是填充螺纹间的空隙以增加管螺纹接口的严密性，二是保护螺纹表面不被腐蚀。

常用的填料及其用途   表 2-7

填料种类	适用介质
聚四氟乙烯生料带（俗称水胶布）	供水、煤气、压缩空气、氧气、乙炔、氨、其他腐蚀性常温介质
麻丝、麻丝＋白铅油	供水、排水、压缩空气、蒸汽
白铅油（铅丹粉拌干性油）	供水、排水、煤气、压缩空气
一氧化铅、甘油调和剂	煤气、压缩空气、乙炔、氨
一氧化铅、蒸馏水调和剂	氧气

2.5.3 连接步骤（图 2-38、图 2-39）

2-12 生料带的缠绕

缠绕（或涂抹）填料：连接前_____外螺纹管端上的污染物、铁屑等，根据输送的介质、施工成本选择合适的填料；当选用水胶布或麻丝时，应注意缠绕的方向必须与管子（或内螺纹）的拧入方向_____（或人对着管口时顺时针方向），缠绕量要适中，过少起不了密封作用，过多则造成浪费，缠绕前在螺纹上涂上一层铅油可以较好地保护螺纹不锈蚀；

图 2-38　平绕

缠绕（或涂抹）填料后，先用____将管子（或管件、阀门等）拧入连接件中2～3圈，再用管钳等工具拧紧，如果是三通、弯头、直通之类的管件拧劲可稍大，但阀门等控制件拧劲不可过大，否则极易将其胀裂；连接好的部位一般不要_____，否则容易引起渗漏。

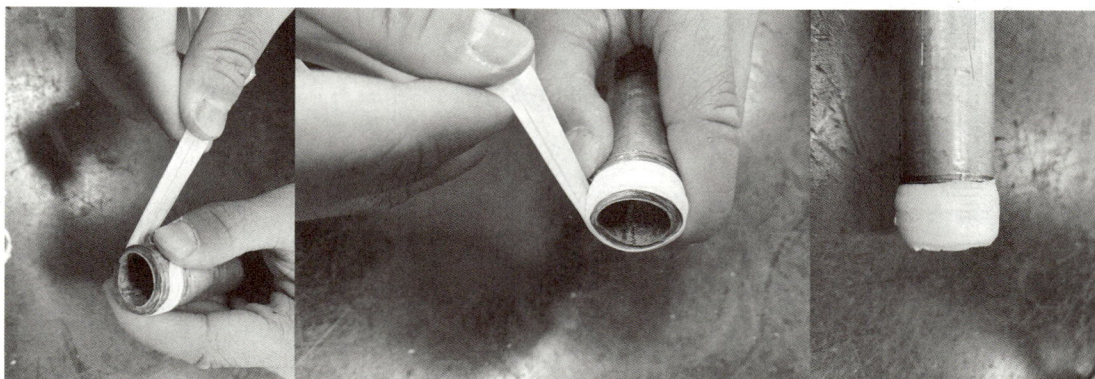

图 2-39　线绕

2.5.4　管道现场安装

1. 安装顺序

管道安装时一般从总进入口开始操作，总进口端头加好临时丝堵以备试压。把预制完的管段运到安装部位按编号依次排开，安装前清扫管腔，丝扣连接管道抹上铅油缠好麻，用管钳按编号依次上紧，丝扣外露 2～3 扣，安装完后找直找正，复核分支留口的位置、方向及变径无误后，清除麻头。

安装中所有敞开管口均应临时堵死，以防污物进入。在安装立管时，应注意先自顶层通过管洞向下吊线，以检查管洞的尺寸和位置是否正确，并据此弹出立管位置线；立管自下向上安装时每层立管先按立管位置线装好立管卡，并于安装至每一楼层时加以固定。立管的垂直度偏差为每米不超过 2mm，超过 5m 的层高总偏差不超过 10mm，可用线坠吊测检查室内给水管道系统的安装与试验，以用水设备（卫生器具）前的阀门为终点，待用水设备安装后，再经实际测量安装器具支管。

2. 工艺流程

安装准备→＿＿＿＿＿＿＿＿＿→＿＿＿＿＿管安装→＿＿＿＿＿＿＿管安装→＿＿＿管安装→卡件固定→封口堵洞→闭水试验→通水试验。

3. 基槽开挖

（1）沟槽开挖时间尽量选在＿＿＿＿进行，开挖应连续进行，尽快完成。

（2）开挖土方位置应距离坑边在＿＿＿＿＿＿m 以外，堆置高度不宜超过＿＿＿＿＿＿m，以免影响施工或造成土壁的崩塌。

（3）基坑开挖时，应防止搅动地基土层，要加强测量，以免＿＿＿＿，如发生超挖现象，可用砂、砾石或与挖方相同的土填补，并夯实至要求的密实度。

（4）为了防止基坑的基土遭受雨水浸蚀，开挖好后，尽量减少暴露时间，及时进行的施工和管道安装。

【任务实施】

1. 完成模拟水表节点管路下料（尺寸根据场地确定）。
2. 将管路下料材料进行加工（螺纹）。
3. 演示管路连接。
4. 分组练习：指定水表节点尺寸，进行材料和管件选择、下料、加工及连接。

【活动评价】

知识内容自评：20%

下料尺寸计算掌握：很好□较好□一般□还需努力□

管材切割掌握：很好□较好□一般□还需努力□

管螺纹加工掌握：很好□较好□一般□还需努力□

自我练习情况：很好□较好□一般□还需努力□

小组互评：40%

团队合作及整体完成效果：很好□较好□一般□还需努力□

教师评价：40%

内容学习及完成效果：很好□较好□一般□还需努力□

【知识链接】

1. 管材连接方式的选择。
2. 施工现场误差修正方法。
3. 管道加工中的预制计算方法。

【课后作业】

1. 一般管径在 150mm 以下镀锌管路（如水、煤气管），常用（　　）的方法。

2-13 学习活动5 课后作业答案

    A. 螺纹连接

    B. 承插连接

    C. 粘结

    D. 焊接

2. （　　）主要用于需要拆卸、检修的管路上，例如水泵、水表、阀门等带法兰盘的附件在管路上的安装。

A. 螺纹连接

B. 承插连接

C. 法兰连接

D. 焊接

3. 铸铁管、混凝土管、缸瓦管等常用（　　　）。

A. 螺纹连接

B. 承插连接

C. 法兰连接

D. 焊接

4.（　　　）和熔接常用于塑料管道的连接。

A. 螺纹连接

B. 承插连接

C. 法兰连接

D. 粘接

5.（　　　）适用于镀锌钢管的连接。

A. 热熔连接

B. 承插连接

C. 螺纹连接

D. 粘接

学习活动 6 镀锌钢管的试压验收

学习目标

1. 能够理解管道试压意义和试压技术要求。

2. 学会管路试压装置组成和步骤。

3. 清楚排水管道的灌水试验方法及有关技术要求。

建议学时

10 学时

学习地点

建筑给水排水一体化教室

学习准备

多媒体课件、实习手册（工作页）

手动试压泵、管钳、水流探测仪、泵桶、管材、管件、阀件、压力表。

资料：《给水排水管道工程施工及验收规范》GB 50268、《建筑给水排水及采暖工程施工质量验收规范》GB 50242、《管道施工作业安全操作规程》。

学习过程

【学习支持】

给水排水系统安装完毕后，交付使用前，由施工单位会同_____单位、____单位按设计规定应进行_____、_____等试验，以检查系统及各连接部位的工程质量。室内给水管道一般只进行_____试验。可先分段，后全系统试验；也可全系统同时进行。

2.6.1 室内给水工程试验

2-14 水压试验

1. 试压过程

（1）压力要求

室内给水管道的水压试验必须符合设计要求。当设计未注明时，各种材质的给水管道系统试验压力均为工作压力的_____倍，但不得小于_____MPa。

（2）试压步骤

1）准备 将试压所需的泵桶、管材、管件、阀件、压力表等工具材料准备好，所用压力表必须经过校验，其精度不得低于 1.5 级，且铅封良好。

2）试压装置的连接如图 2-40 所示，打开阀门 1、2、3，自来水不经手动试压泵直接往系统进水，同时，打开管网最高处配水点的阀门，以便排尽管中空气，待出水时关闭。

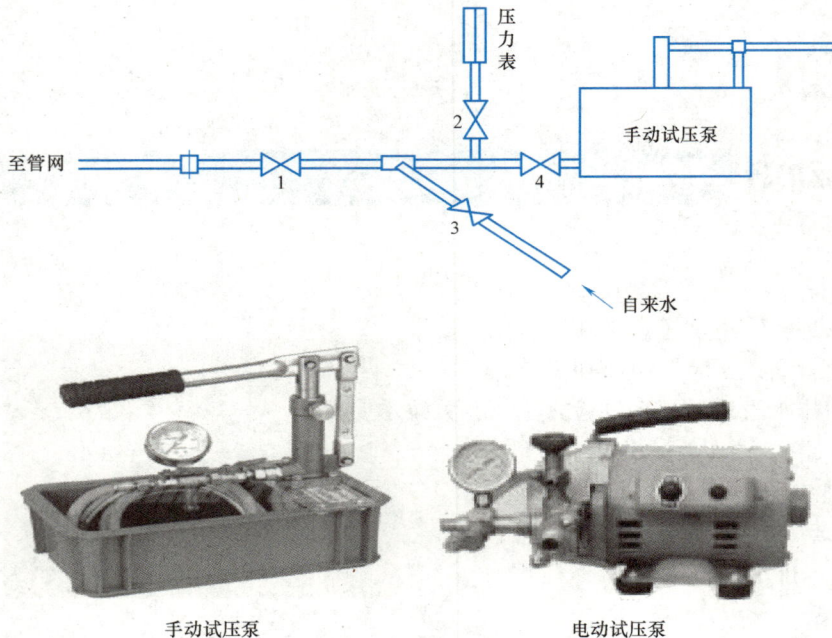

图 2-40 试压装置

3）试验 先将室内给水引入管外侧用堵塞板堵死，并将敞开管口堵严；在试压系统的最高点设排气阀，以便向系统充水时排气，并对系统进行全面检查，确认无遗漏项目时，即可向系统充水加压。试验时，升压不能太快。当升至试验压力时，停止升压，记录试压开始时间，并注意压力的变化情况。金属管及复合管给水管道系统在试验压力下观测 10min，压力降不应大于 0.02MPa，然后降到工作压力进行检查，应不渗不漏；塑料管给水系统应在试验压力下保持 1h，压力降不得超过 0.05MPa，然后在工作压力的 1.15 倍状态下保持 2h，压力降不得超过 0.03MPa，同时检查各连接处，不得渗漏，方为合格。

提醒：描述出可能的试压不成功问题：

_____
_____
_____
_____

4）拆除试压水泵和水源，把管道系统内水泄净。然后把被破损的镀锌层和外露丝扣处做好防腐处理，再进行隐蔽工作。

（3）注意事项

1）试压泵一般设在__层，或室外管道入口处。压力表量程不应小于试验压力的 1.3 倍，且精度为 0.01MPa。

2）水压试验之前，对试压管道应采取安全有效的____和保护措施，但接头部位必须明露。

3）打开水源阀门，往系统内_____充水，将管道内气体排出后将阀门关闭。

4）检查全部系统，如有漏水处应做好_____，并进行修理，修好后再充满水进行加压，而后复查，如管道不渗、不漏，采用加压泵缓慢升压。

5）保持压力持续到_____，压力降在允许范围内，然后通知有关单位验收并办理验收手续。

6）冬期施工期间竣工而又不能及时供暖的工程进行试压时，必须采取可靠措施把水_____，以防冻坏管道和设备。

7）对粘接连接的管道，水压试验必须在粘接连接安装完__h 后进行。

8）给水用铝塑复合管管道系统需将管道系统升压至 0.6MPa，检查各配水件接口应无渗漏方可交付使用。

9）若自来水压力等于或大于试验压力时，可只开闭阀 1、3 进行试压。

10）试压时，应保证阀 2（压力表阀）呈开启状态，直至试压完毕。

2. 管道系统冲洗

（1）管道系统的冲洗，应在管道试压结束后，交付使用__进行。

（2）管道冲洗进水口及排水口应选择适当位置，并以保证管道系统内的杂物冲洗____为宜。排水管截面积不应小于被冲洗管道截面的 60%，排水管应接至排水井或排水沟内。

（3）冲洗时，以系统内可能达到的_____和流量进行冲洗，直到出口处的水色和透明度与入口处目测的一致，达到生活饮用水标准。冲洗洁净后办理验收手续。

3. 管道系统消毒

（1）生活给水系统管道在交付使用前必须冲洗和消毒，并经有关部门取样检验，符合现行国家《生活饮用水卫生标准》GB 5749—2006 方可使用。

（2）管道试压合格后，将管道内的水放空，各配水点与配水件连接后，进行管道消毒。用含 20～30mg/L 的游离氯的水灌满管道进行消毒，含氯水在管道中应留置 24h 以上。

（3）消毒结束后，放空管道内的消毒液，用生活饮用水冲洗管道，至各末端配水件出水水质符合现行国家《生活饮用水卫生标准》GB 5749—2006 为止。

2.6.2　室内排水管道系统灌水试验

1. 试验要求

室内排水管道是非承压管道，为了防止排水管道的堵塞和渗漏，不影响建筑物的使用功能，室内排水管道应进行灌水试验，以检验_____、_____接口安装质量。

2. 施工准备

（1）对标高低于各层地面的所有管口，接临时短管直至某层地面上。接管时，对承插接口的管道用水泥捻口，对于横管上的清扫口、地下（或楼板下）。管道清扫口应加垫、加盖，正式封闭。

（2）通向检查井的排出管管口，放入直径大于或等于管径的充气橡胶胆堵严。地下管道及底层立管可从立管检查口放入胆堵，并将上部管道堵严。

3. 灌水步骤

（1）用胶管从便于检查的管口（最好选择离出户排水管口近的地面管口）向管道内灌水。

（2）从灌水开始，便应设专人检查监视出户排水管口、地下扫除日等易跑水部位，发现堵盖不严或管道出现漏水时，应停止向管内灌水，立即进行整修，待管堵塞、封闭严密或管道修复待管道接口达到强度后，再重新开始灌水。

（3）管内灌水水面高出地面以后，停止灌水，记下管内水面位置和停止灌水时间，经过 24h 后，对管道、接口逐一检查是否有渗漏。

4. 检查、做灌水试验记录

（1）停止灌水____min 后，在未发现管道及接口渗漏的情况下再次向管道内灌水，使管水面回到停止灌水时的水面位置后第二次记下时间。

（2）施工人员、施工技术质量管理人员、建设单位有关的人员在第二次灌满水____min 后，对管内水面共同进行检查，水面位置没有下降则为管道灌水试验合格，应立即填写排水管道灌水试验记录，有关检查人员签字盖章。

（3）检查中若发现_____，则为灌水试验不合格，应对管道及各接口、堵口全面细致地进行逐一检查并修复。排除渗漏因素后重新按上述方法进行灌水试验，直至合格。

5. 灌水试验后的工作

（1）灌水试验合格后，应从室外排水口放净管内存水。

（2）把为灌水试验临时接出的短管全部拆除，各管口恢复原标高，拆管时严防污物落入管内。

（3）用木塞或草绳等进行临时堵塞封闭时，确保堵塞物不能落入管内，堵塞封闭应牢固严密。起封方便简单，不损坏管口。

【任务实施】

1. 演示手动试压泵的组装与维修。
2. 对任务 5 完成的水表节点进行压力试验。
3. 到企业参观排水管路灌水及通球试验（另行安排时间）。
4. 分组练习：螺纹加工，填料使用，管件安装，水压试验。

【活动评价】

知识内容自评：20%

手动试压泵掌握：很好□较好□一般□还需努力□

管道密封材料使用掌握：很好□较好□一般□还需努力□

水压试验掌握：很好□较好□一般□还需努力□

自我练习情况：很好□较好□一般□还需努力□

小组互评：40％

团队合作及整体完成效果：很好□较好□一般□还需努力□

教师评价：40％

内容学习及完成效果：很好□较好□一般□还需努力□

【知识链接】

1. 给水排水管路的气压试验。
2. 气密性检测及维修方法。
3. 给水排水管路试压规范要求。
4. 管路的其他连接方式及试压要求。

【任务总结及评价】

1. 根据任务学习过程及完成情况，汇报学习成果。 2. 通过模拟案例情境，完成消防管网二次设计，安装，验收，进行评分。 		
自评	互评	师评

2-15 学习活动6 课后作业答案

【课后作业】

单选题

1. 室内给水管道一般只进行（　　）试验。可先分段，后全系统试验；也可全系统同时进行。

A. 强度

B. 密封

C. 抗震

D. 安全

2. 室内给水管道的水压试验必须符合设计要求。当设计未注明时，各种材质的给水管道系统试验压力均为工作压力的（　　）倍，但不得小于（　　）MPa。

A. 1.5，0.6

B. 1.5，0.5

C. 0.6，0.6

D. 0.6，1.5

3. 金属管及复合管给水管道系统在试验压力下观测（　　）min，压力降不应大于0.02MPa。

A. 60

B. 30

C. 10

D. 5

4. 试压泵一般设在（　　）层，或室外管道入口处。压力表量程不应小于试验压力的1.3倍，且精度为0.01MPa。

A. 顶

B. 首

C. 中间

D. 任意

5. 冬期施工期间竣工而又不能及时供暖的工程进行试压时，必须采取可靠措施把水（　　），以防冻坏管道和设备。

A. 保留

B. 放净

C. 消毒

D. 以上都需要

Chapter 03

学习任务 3

其他管材加工

学习目标

1. 能识别不同塑料管的型号及区分。
2. 能按照操作规范进行塑料管连接操作。
3. 知道复合管安装的连接方式。
4. 掌握铝塑复合管的连接方式。
5. 通过情景模拟，对照给排水实训房提供的 THPWSD-1 设备向组员介绍生活给水系统的基本构造、部件功能及其基本工作原理。
6. 能正确选择并使用工量具与仪器，对设备进行测量，判断给水附件的工作状态。
7. 能根据现场施工规范要求，在规定时间内，规范对生活冷水系统进行拆卸、加工、安装，并完成安装施工手册的记录。
8. 能向组员叙述生活冷水系统拆装安全操作规程，并在作业过程中自我检查贯彻的情况，做好过程记录。
9. 能通过情景模拟，正确更换损坏配件，填写施工验收单，并向老师汇报施工情况。
10. 能对相关资料、互联网资源进行检索，完成工作页的填写。

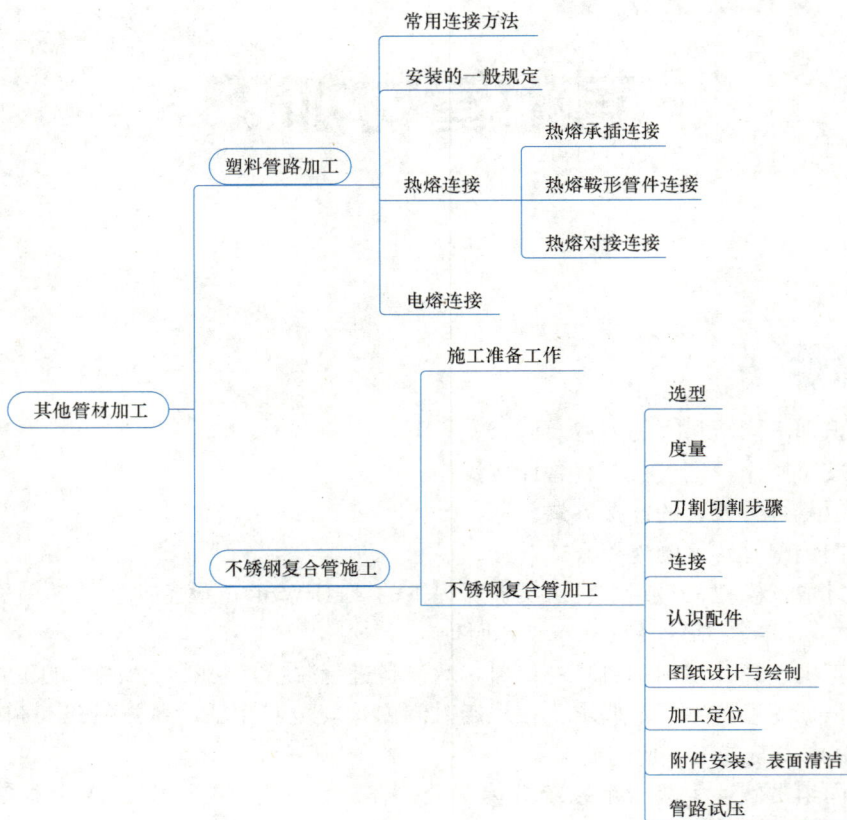

```
                                    常用连接方法
                                    安装的一般规定
                                                        热熔承插连接
                          塑料管路加工      热熔连接      热熔鞍形管件连接
                                                        热熔对接连接
                                    电熔连接
      其他管材加工
                                    施工准备工作
                                                        选型
                                                        度量
                                                        刀割切割步骤
                                                        连接
                          不锈钢复合管施工   不锈钢复合管加工   认识配件
                                                        图纸设计与绘制
                                                        加工定位
                                                        附件安装、表面清洁
                                                        管路试压
```

建议学时

30 学时

学习地点

建筑给水排水一体化实训房

学习流程与活动

学习活动 1　塑料管路加工

学习活动 2　不锈钢复合管施工

案例情境描述

　　小刘结婚需要购买一套房子，老小区共 5 层，买的是 502 室。现需要装修新婚房，寻找装修公司进行设计，经过半年的装修后完成并进行验收，在验收过程中小刘发现自来水部分出水口水流量明显偏小，靠近进水处的水流量较大，燃气热水器偶尔点不着火。小刘觉得有问题，随后找专家进户帮忙检测，根据专家的分析检测，提出了问题的所在，并进行了后期的修补，根据给排水施工验收规范，在一定时间内完成了生活冷水系统的验收，并完成验收报告交付使用，见表 3-1。

常见水堵原因分析表　　　　　　　　　　　表 3-1

	症状	原因
水流不稳定	出水口不恒流	水源进水不恒定
		管路存在悬吊堵塞
		水表节点损坏
	出水口水流偏小	管路连接堵塞
		用水不平衡
		楼层高度与市政水压不匹配
	带气体水流	给水坡度朝向反了
		气压罐漏气
		未设置排气阀或排气阀损坏
水压不足	水流忽大忽小	市政用水不平衡
		居民用水高峰，水箱稳压不足
		室内管径设置偏小
	出水口喷溅	底层压力过大
		用水器出水口有异物

学习活动 1　塑料管路加工

学习目标

1. 能识别不同塑料管的型号及区分。
2. 学会塑料管连接的方式及操作规范。
3. 能为在今后施工中提供遇到问题的解决办法。

建议学时

10 学时

学习地点

建筑给水排水一体化教室

学习准备

多媒体课件、实习手册（工作页）

D25PPR 管、热熔机、角尺、记号笔、塑料管剪刀。

资料：《给水排水管道工程施工及验收规范》GB 50268、《建筑给水排水及采暖工程施

工质量验收规范》GB 50242、《管道施工作业安全操作规程》

学习过程

【学习支持】

3.1.1　常用连接方法

　　PE（聚乙烯）管、PP（聚丙烯）管常用的连接方式是熔接，按接口形式和加热方式可分为：热熔连接和电熔连接（图 3-1）。

图 3-1　电熔焊机

3.1.2　安装的一般规定

　　1. 管道连接前应对管材和管件及附属设备按_____要求进行核对，并应在施工现场进行_____检查，符合要求方可使用。主要检查项目包括耐压等级、外表面质量、配合质量、材质的一致性等。

　　2. 应根据不同的接口形式采用相应的_____加热工具，不得使用明火加热管材和管件。

　　3. 采用熔接方式相连的管道，宜采用____牌号材质的管材和管件，对于性能相似的必须先经过试验，合格后方可进行。

　　4. 在寒冷气候（－5℃以下）和大风环境条件下进行连接时，应采取____措施或调整连接工艺。

　　5. 管材和管件应在施工现场放置____的时间后再连接，以使管材和管件温度一致。

　　6. 管道连接时管端应_____，每次收工时管口应临时封堵，防止杂物进入管内。

　　7. 管道连接后应进行外观检查，不合格者马上返工。

3.1.3　热熔连接

1. 热熔承插连接

是将管材外表面和管件内表面同时无旋转地插入熔接器的模头中加热数秒，然后迅速撤去熔接器，把已加热的管子快速地垂直插入管件，保压、冷却的连接过程。一般用于 4″以下小口径塑料管道的连接。

3-1　热熔连接

连接流程：检查→切管→清理_____部位及划线→加热→撤熔接器→_____→管件套入管子并校正→保压、冷却。

（1）检查、切管、清理接头部位及划线的要求和操作方法与 PVC-U 管粘接类似，但要求管子外经大于管件内径，以保证熔接后形成合适的凸缘（图 3-2）。

图 3-2　切管

（2）在管材上按插入深度划线（图 3-3）。

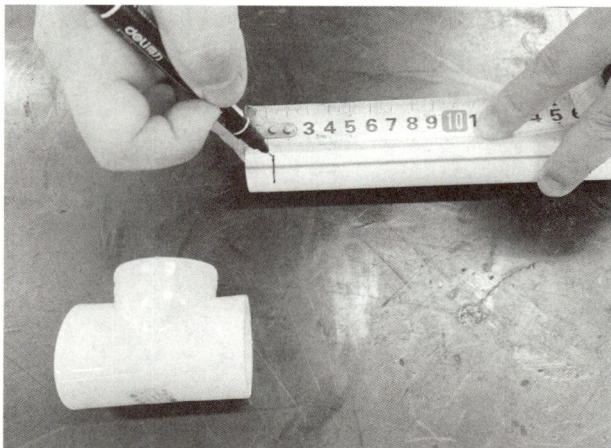

图 3-3　划线

（3）加热（图 3-4）：将管材外表面和管件内表面同时无旋转地插入熔接器的模头中（模头已预热到设定温度）加热数秒，加热温度为 260℃。

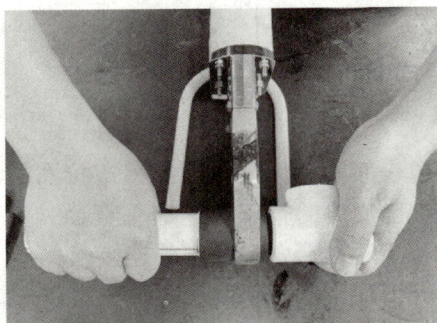

图 3-4　加热

热熔连接对应操作要求　　　　　　　　　　　　　　　　　　表 3-1

管材外径(mm)	熔接深度(mm)	热熔时间(秒)	接插时间(秒)	冷却时间(秒)
20	14	5	≤4	2
25	16	7	≤4	2
32	20	8	≤6	4
40	21	12	≤6	4
50	22.5	18	≤6	4
63	24	24	≤8	6
75	26	30	≤8	8
90	29	40	≤8	8
110	32.5	50	≤10	8

注：当操作环境温度低于 0℃时，加热时间应对应延长二分之一。

　　（4）插接：管材管件加热到规定的时间后，迅速从熔接器的模头中拔出并撤去熔接器，快速找正方向，将管件套入管端至划线位置，套入过程中若发现歪斜应及时校正。找正和校正可利用管材上所印的线条和管件两端面上成十字形的四条刻线作为参考（图 3-5）。

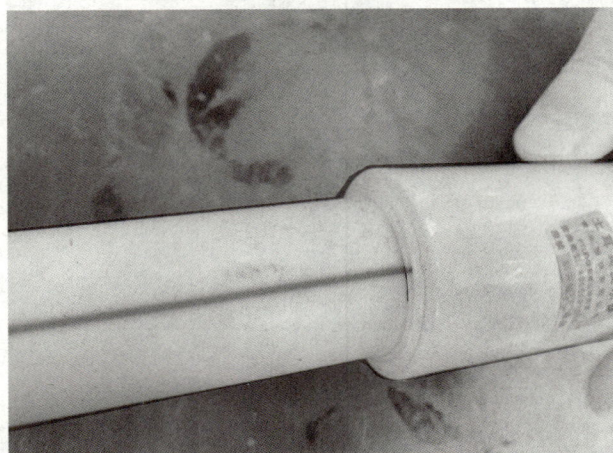

图 3-5　插接

（5）保压、冷却：冷却过程中，不得移动管材或管件，完全冷却后才可进行下一个接头的连接操作。

2. 热熔鞍形管件连接

是将管材连接部位外表面和鞍形管件内表面加热熔化，然后把鞍形管件压到管材上，保压、冷却到环境温度的连接过程。一般用于管道接支管的连接或维修因管子小面积破裂造成漏水现象的场合。

3. 热熔对接连接

是将与管轴线垂直的两管子对应端面与加热板接触，使之加热熔化，撤去加热板后，迅速将熔化端压紧，并保压至接头冷却，从而连接管子。这种连接方式无需管件，连接时必须使用对接焊机。

3.1.4　电熔连接

是先将两管材插入电熔管件，然后用专用焊机按设定的参数（时间、电压等）给电熔管件通电，使内嵌电热丝的电熔管件的内表面及管子插入端的外表面同时熔化，冷却后管材和管件即熔合在一起。其特点是连接方便迅速、接头质量好、外界因素干扰小、但电熔管件的价格是普通管件的几倍至几十倍（口径越小相差越大），一般适合于大口径管道的连接。

以电熔对接连接为例：

检查→切管→找平→清洁接头部位→校正→通电熔接→冷却。

1. 切管（图 3-6）：管材的连接端要求切割垂直，以保证有足够的熔融区。常用的切割工具有旋转切刀、锯弓、塑料管剪刀等；切割时不允许产生高温，以免引起管端变形。

2. 清洁接头部位：用细砂纸、刮刀等刮除管材表面的氧化层，用干净棉布擦除管材和管件连接面上的污物。

3. 找平（图 3-7）：将管件牢靠的固定在固定架上，使用垂直找平刀进行精细找平，

图 3-6　切管

图 3-7　找平

并同时调整切割刀量，以保证切割端面的平齐。

4. 校正：调整管材或管件的位置，使管材和管件在同一轴线上，防止偏心造成接头熔接不牢固、气密性不好（图 3-8）。

5. 通电熔接（图 3-9）：通电加热的时间、电压应符合电熔焊机和电熔管件生产厂的规定，以保证在最佳供给电压、最佳加热时间下获得最佳的熔接接头。

图 3-8　校正

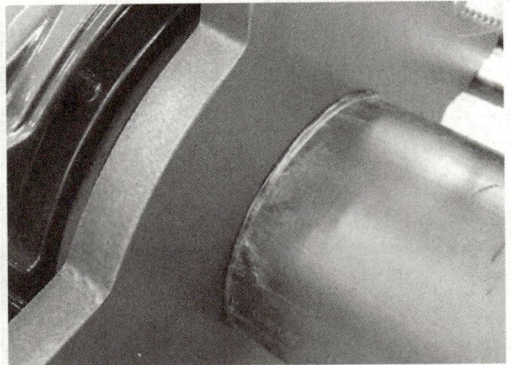

图 3-9　通电熔接

6. 冷却：由于 PE 管接头只有在全部冷却到常温后才能达到其最大耐压强度，冷却期间其他外力会使管材、管件不能保持同一轴线，从而影响熔接质量，因此，冷却期间不得移动被连接件或在连接处施加外力。

【任务实施】

1. 演示 PPR 管的下料计算，剪切，找平，连接以及试压。
2. 通过手动试压形式对完成的管路进行生活供水试压。
3. 演示 PE 管的切割，连接。
4. 分组练习：PPR 管热熔连接，配件螺纹填料使用，管件安装，水压试验。

【活动评价】

知识内容自评：20%

PPR 管下料计算掌握：很好□较好□一般□还需努力□

PPR 管热熔连接技术掌握：很好□较好□一般□还需努力□

PE 管加工技术掌握：很好□较好□一般□还需努力□

自我练习情况：很好□较好□一般□还需努力□

小组互评：40%

团队合作及整体完成效果：很好□较好□一般□还需努力□

教师评价：40%

内容学习及完成效果：很好□较好□一般□还需努力□

【知识链接】

1. 保证熔接管网气密性的要求及技术要点。
2. 了解 PVC-U、ABS 塑料管道安装的重要性。
3. 掌握常见 PVC-U、ABS 塑料管道安装的施工及工艺。

【课后作业】

3-2 学习活动1课后作业答案

1. PE（聚乙烯）管、PP（聚丙烯）管常用的连接方式是（　　）。

A. 熔接

B. 螺纹连接

C. 焊接

D. 承插连接

2. 热熔连接在寒冷气候（−5℃以下）和大风环境条件下进行时，应采取（　　）措施或调整连接工艺。

A. 保温

B. 抗震

C. 防结露

D. 抗压

3. 塑料管材的连接端要求切割（　　），以保证有足够的熔融区。

A. 水平

B. 倾斜

C. 润滑

D. 平行

4. 采用熔接方式相连的管道，宜采用（　　）牌号材质的管材和管件，对于性能相似的必须先经过试验，合格后方可进行。

A. 不同

B. 类似

C. 合格

D. 同种

5. 管道连接时管端应（　　），每次收工时管口应临时封堵，防止杂物进入管内。

A. 洁净

B. 平行

C. 垂直

D. 封闭

学习活动 2　不锈钢复合管施工

学习目标

1. 能查阅施工手册，列举生活给水系统的结构和描述工作原理。

2. 能描述生活给水系统施工时所需使用工具及设备的名称、种类、用途及其使用方法，并正确使用。

3. 独立完成管道施工图的识读和绘制。

4. 不锈钢复合管给水系统的新形势应用及新材料新工艺的信息收集。

建议学时

20 学时

学习地点

实训室

学习准备

多媒体课件、实习手册（工作页）

资料：给水排水施工手册、管道安装工作页、施工现场安全操作规程、互联网资源、THPWSD-1 设备、常用施工工具、量具、多媒体设备。

学习过程

【学习支持】

3.2.1　施工准备工作

根据附图给定的平面图、立面图，进行选材，并列出材料清单。

3.2.2　不锈钢复合管加工

1. 选型

选择所需要的不锈钢复合管管材型号，系统中主要使用的是 $\phi20$ 和 $\phi25$ 两种规格。

2. 度量

用卷尺在系统中量出所需管道的长度，然后在不锈钢复合管上用卷尺量出尺寸，并用记号笔画下标记线。

3. 刀割（图 3-10）

准备好割刀，熟悉其外形结构和操作使用。其主要操作如下：左手拿住割刀主体部分，用右手旋转割刀手柄，顺时针旋转是缩小割刀刀片与滚轮之间的间距，也就是打紧；逆时针旋转则增加间距，也就是松开。

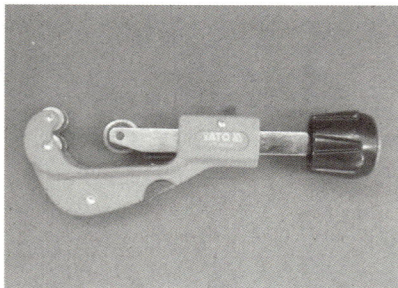

图 3-10　割刀

4. 切割步骤（图 3-11）

逆时针旋转割刀手柄使刀片与滚轮之间的间距足够大，将不锈钢复合管放入割刀内，割刀刀片对准管子上的记号笔标记线，然后顺时针旋转手柄打紧割刀直到压紧管子，注意不要太用力，以免将管子压变形或不方便切割。切割时用左手握住管子，不让管子旋转，右手握住割刀手柄，带动割刀绕管子顺时针旋转，从而对管子进行切割。在这切割过程中要不断旋转割刀手柄，以便刀片深入到不锈钢复合管内部，从而将其切断。

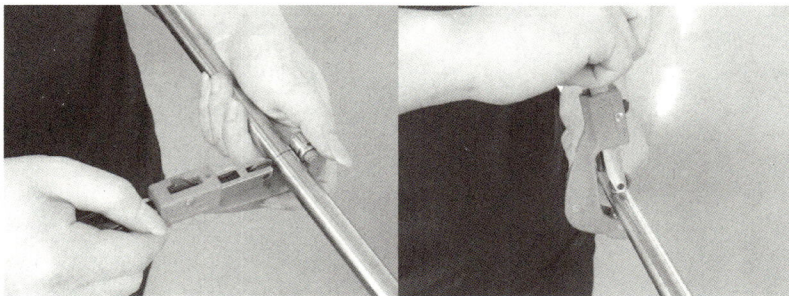

图 3-11　切割

5. 连接（图 3-12）

将管件接头（枫叶管接件）一头螺母旋开，然后按照螺母、铜缺口环、铜封口环、白色密封圈顺序套入不锈钢复合管上，最后在插入管接件中，锁紧螺母。

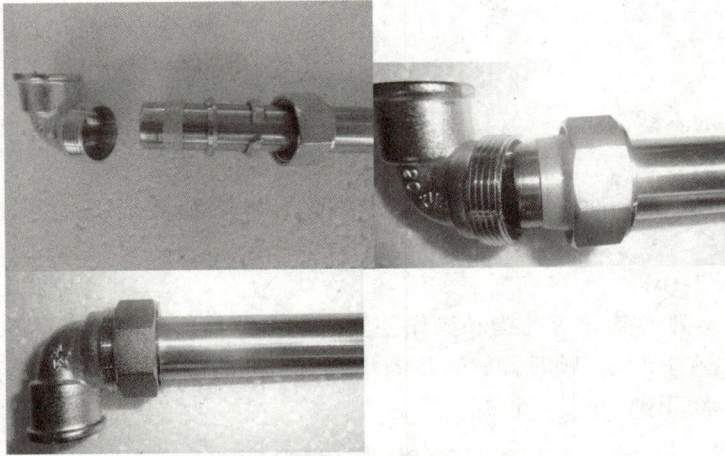

图 3-12　连接

6. 认识配件（图 3-13）

图 3-13　配件

7. 图纸设计与绘制

根据提供的平面图、立面图，绘制出系统图。

8. 加工定位
根据绘制图纸确定下料尺寸，并完成组装，如图 3-14 所示。

9. 附件安装，表面清洁（图 3-15）
安装水表、压力变送器与送水附件。

图 3-14　加工定位

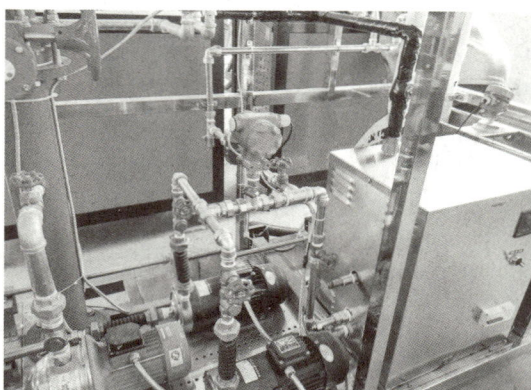

图 3-15　附件安装

10. 管路试压
试验压力为管道工作压力的_____倍，但不得小于_____MPa，工程监理单位应派人参加水压试验的全过程，将试验管道各配水点封堵，缓慢注水，同时将管内空气排出，管道充满水后，进行水密性检查，对系统进行加压，加压应采用手压泵缓慢升压，升压时间不应小于____min，升压至规定压力后，稳定_____h，观察各接口部位应无渗漏现象，稳压后再补压至规定试验值，____min 内压降不超过_____MPa，以上步骤的水压合格后再进行试压，升压后____h；压力不降至 0.6MPa 且无渗漏现象为合格。

管道（设备）水压试验记录表　　　　　　　　　　表 3-2

管道（设备）水压试验记录表

小组 工位号						组长	
验收执行标准 名称及编号		《建筑给水排水及采暖工程施工质量验收规范》					
管道（设备） 名称、部位和编号	管道 材质	工作 压力 （MPa）	标准（设计要求）			实际试验	
			试验压力 （MPa）	稳压时间 （min）	压降（MPa） 或泄漏	稳压时间 （min）	压降（MPa） 或泄漏
确认安装 检查结果	小组成员						
	指导教师：				年　　月　　日		

【任务实施】

1. 演示不锈钢复合管的切割与连接。
2. 特定场所的管网设计及尺寸计算。
3. 讨论水压试验报告的填写要求。
4. 分组练习：管材切割连接，管网组装，附件安装，水压试验等。

【活动评价】

知识内容自评：20％
管道识图、绘图掌握：很好□较好□一般□还需努力□
不锈钢复合管连接技术掌握：很好□较好□一般□还需努力□
生活给水系统水压试验技术掌握：很好□较好□一般□还需努力□
自我练习情况：很好□较好□一般□还需努力□
小组互评：40％
团队合作及整体完成效果：很好□较好□一般□还需努力□
教师评价：40％
内容学习及完成效果：很好□较好□一般□还需努力□

【知识链接】

1. 给水系统的气压试验步骤及要求。

2. 不锈钢复合管在生活给水系统中使用的优缺点。

3. 新型管材的加工及连接工艺。

【任务总结及评价】

1. 根据任务学习过程及完成情况，汇报学习成果，分别论述不同管材的连接方式，加工设备及验收要求。

2. 根据案例情境，分析提出导致事故产生可能的原因。

自评	互评	师评

【课后作业】

3-3 学习活动2课后作业答案

单选题

1. 割刀割不锈钢复合管时，应将刀片对准切割线，并（　　）于管子轴线。

A. 倾斜

B. 垂直

C. 水平

D. 视具体管材而定

2. 不锈钢复合管常采用（   ）连接方式。

A. 螺纹

B. 法兰

C. 卡压式

D. 承插

3. 进行铝塑复合管的外观检查时，不包括（   ）检查。

A. 表面光洁

B. 皱折、污迹

C. 瘪损、变形

D. 防锈漆

4. 铝塑复合管管身外观光洁，无污迹，无皱折，不得有严重瘪损、变形。管肩不得起皱，管肩焊接（   ）。

A. ＜2.5mm

B. ≥2.5mm

C. ≥5mm

D. ＜5mm

5. 铝塑复合管外观要求不符合规定的是（   ）。

A. 管身外观光洁

B. 无污迹，无皱折

C. 有严重瘪损、变形

D. 管肩不得起皱

学习任务4

Chapter 04

管网连接相关技术

学习目标

1. 通过学习，对照管网施工现场，熟悉管网连接所需的附属技术。

2. 施工过程中能正确掌握各种施工技术，针对施工特点，建立健全完善的工种安排制度。

3. 能根据施工验收规范与质量标准的要求，在施工中解决现场需要的各种附属技术。

4. 能向组员叙述管道安装过程的需求，并在实习报告中体现学习内容及学习心得。

5. 能通过情景模拟，正确而安全地施工。

6. 能对相关资料、互联网资源进行检索，完成工作页的填写。

建议学时

20学时

学习地点

建筑给水排水一体化教室

学习流程与活动

学习活动1　管道安装相关工种基本知识

学习活动2　管网的支吊架加工

案例情境描述

大学城中某学院实训室进行消防验收，在进行温感器和烟感器联动调试时，调试人员在进行高空人为破坏过程中，由于消防干管的固定存在松动，导致调试人员从高空坠落，因此该学院被认定为消防验收不合格。

思维导图

```
管网连接相关技术
├─ 管道安装相关工种基本知识
│   ├─ 焊接的基本知识
│   │   ├─ 焊接机具
│   │   ├─ 电焊工安全操作规程
│   │   └─ 焊接连接的对口与焊接
│   ├─ 气割的基本知识
│   │   ├─ 气割机具
│   │   ├─ 气割原理
│   │   ├─ 气割要求
│   │   └─ 气割特点
│   └─ 钳工的基本知识
│       ├─ 画线
│       ├─ 切断
│       ├─ 套螺纹
│       ├─ 坡口
│       ├─ 锉削
│       ├─ 钻孔
│       ├─ 錾削
│       ├─ 攻螺纹
│       └─ 研磨
└─ 管网的支吊架加工
    ├─ 支吊架制作
    │   ├─ 制作要求
    │   └─ 制作方法
    └─ 安装要求
```

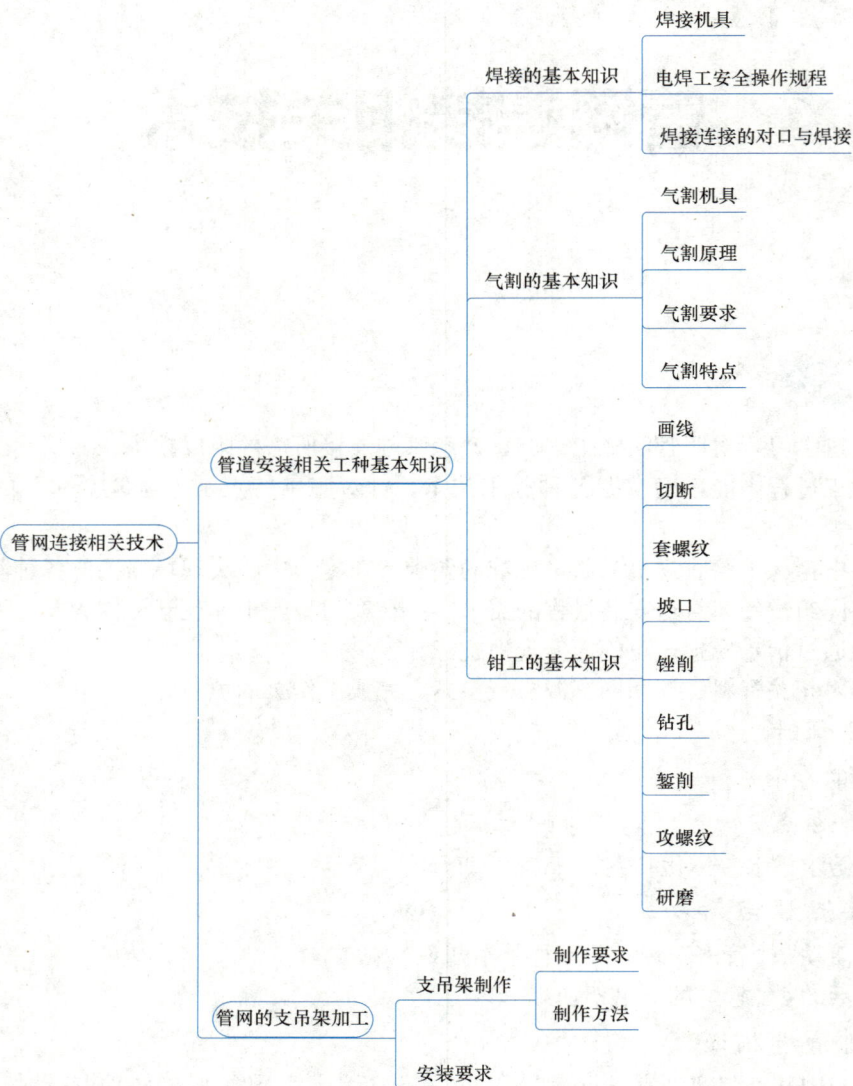

学习活动 1 管道安装相关工种基本知识

学习目标

1. 能查阅施工手册，根据管网施工需求进行相关工种的安排。
2. 能描述管道安装相关工种的基本技能、设备需求、施工工艺以及验收相关规范等。
3. 特种设备作业的要求以及现场安全技术要求。

4. 能通过设备机具对管道安装过程中需要的位置进行相关工艺施工。

建议学时

10 学时

学习地点

建筑给水排水一体化实训室

学习准备

多媒体课件、实习手册（工作页）

资料：给水排水施工手册、管道安装工作页、施工现场安全操作规程、焊接设备、常用施工工具、量具、多媒体设备。

学习过程

【学习支持】

4.1.1　焊接的基本知识

焊接，也称作熔接，是一种以加热、高温或者高压的方式接合金属或其他热塑性材料如塑料的制造工艺及技术。

4-1　焊接原理

焊接通过下列三种途径达成接合的目的：

（1）加热欲接合之工件使之局部熔化形成熔池，熔池冷却凝固后便接合，必要时可加入熔填物辅助；

（2）单独加热熔点较低的焊料，无需熔化工件本身，借焊料的毛细作用连接工件（如软钎焊、硬焊）；

（3）在相当于或低于工件熔点的温度下辅以高压、叠合挤塑或振动等使两工件间相互渗透接合（如锻焊、固态焊接）。

焊工在工作时，要与电、可燃及易爆气体、易燃液体、压力容器等接触，在焊接过程中会产生一些有害气体、金属蒸气和烟尘。此外还存在电弧光辐射、焊接热源（电弧、气体火焰）的高温等，如果不严格遵守安全操作规程，就可能引起触电、灼伤、火灾、爆炸、中毒甚至职业病，给个人、企业、国家造成损失和危害。

焊接是管道安装工程中应用广泛的连接方法，有严格的工序、技术操作规程和安全操作规程，需要焊接工和管道工合作完成。

在本专业的施工过程中，其主要的工序是：切割、焊接口处理（清理、铲坡口）、对口、点焊、校正、焊接、焊口处理。

焊接广泛使用的有气焊和点焊，气焊设备是电焊的辅助设备。

焊接方法的选用：

（1）熔焊

焊接过程中，将焊件接头加热至熔化状态，不加压力完成焊接的方法称为熔焊。根据热源不同，这类焊接方法有气焊、熔焊、电渣焊、气体保护焊、电子束焊等多种。

（2）压焊

焊接过程中，必须对焊件施加压力（加热或不加热），以完成焊接的方法称为压焊，属于这类焊接的方法有电阻焊（点焊、缝焊、对焊等）、摩擦焊、超声波焊、冷压焊等多种。

（3）钎焊

钎焊是采用比母材熔点低的金属材料作钎料，将焊件和钎料加热到高于钎料熔点，低于母材熔点的温度，利用液态钎料润湿母材，填充接头间隙并与母材相互扩散实现连接焊件的方法，属于这类焊接方法的有硬钎焊与软钎焊等。

1. 焊接机具

主要有焊机（交流电焊机、直流电焊机、硅整流直流弧焊机）（图 4-1）、焊钳、面罩、连接导线、手把软线。

图 4-1　焊机

2. 电焊工安全操作规程

工作前必须穿好工作服和劳保鞋，戴好工作帽和手套。工作服口袋应盖好，并扣好纽扣。工作时用面罩。

严格遵守一般焊工安全操作规程，熟练掌握、遵守《焊接作业安全操作规定》。

启动焊机前检查电焊机和闸刀开关，外壳接地是否良好。检查焊接导线绝缘是否良好。在潮湿地区工作应穿胶鞋或用干燥木板垫脚。

一般情况下，禁止焊接有液体压力、气体压力和带电设备。对于有残余油脂、可燃液体容器，焊接前应先用蒸汽和热碱水冲洗，并打开盖口，确定容器清洗干净方可焊接，密封的容器不准焊接。

在锅炉或容器内工作时，应有监护人员，注意通风，及时把有害烟尘排出，以免中毒。

禁止在储有易燃、易爆物品的场所或仓库附近进行焊接。在可燃物品附近进行焊接时，必须距离 5m 以上。在露天焊接必须设置挡风装置，以免火星飞溅引起火灾。在风力五级以上，不宜在露天焊接。

在高空焊接时，必须扎好安全带，焊接下方须放遮板，以防火星落下引起火灾或灼伤他人。

拆卸或修理电焊设备的一次线，应由电工进行。必须焊工自己修理时，在切断电源后，才能进行。

焊接中停电，应立即关电焊机。工作完毕后应立即关电焊机断开电源。

3. 焊接连接的对口与焊接

焊接对口是管道焊接的重要环节，直接影响焊接质量和管道安装的平直度。

对口过程：对口前的坡口加工 →对口的间隙要求和错口偏差→管端切口的检查和清理→对口→焊接过程→对口后的电焊→电焊固定后的校正→接口的焊接。

要求：

（1）当管壁厚度不超过 4mm 时可不做坡口，但是对口间隙根据管道壁厚留出1.5～3mm；

（2）超过 4mm 必须做坡口和预留间隙，具体坡口角度和间隙尺寸参照相关规定；

（3）对口的平直符合要求，错口偏差不得大于管壁厚的 10%；

（4）管端的切口垂直管壁偏差值小于 1mm；

（5）点焊不少于 3～5 处，焊接时不得悬空，不得在受外力的情况下焊接。

4.1.2　气割的基本知识

1. 气割机具

气焊和气割工具有乙炔瓶、氧气瓶、焊炬 、割炬、连接胶管、氧气表、乙炔表。

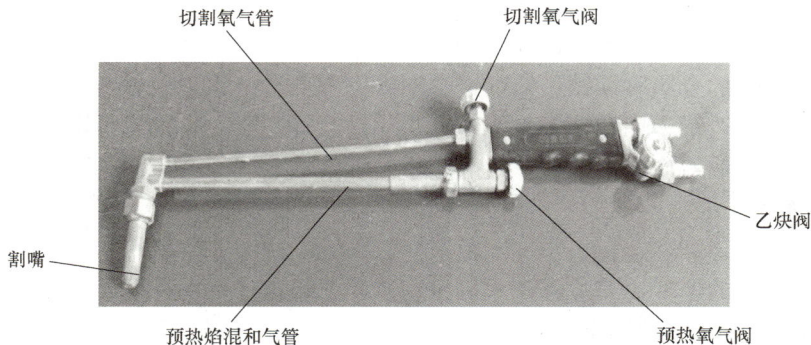

图 4-2　气割机具

材料的热切割，又称氧气切割或火焰切割。气割时，火焰在起割点将材料预热到燃点，然后喷射氧气流，使金属材料剧烈氧化燃烧，生成的氧化物熔渣被气流吹除，形成切口。气割设备主要是割炬和气源。

割炬是产生气体火焰、传递和调节切割热能的工具，其结构影响气割速度和质量。采用快速割嘴可提高切割速度，使切口平直，表面光洁。

气源包括氧气和可燃气体。氧气纯度应大于 99%；可燃气体一般用乙炔气，也可用石油气、天然气或煤气。用乙炔气的切割效率最高，质量较好，但成本较高。

半自动和自动气割机还有割炬驱动机构或坐标驱动机构、仿形切割机构、光电跟踪或数字控制系统。大批量下料用的自动气割机可装有多个割炬和计算机控制系统。

被气割的金属材料应具备下列条件:

(1) 在纯氧中能剧烈燃烧,其燃点和熔渣的熔点必须低于材料本身的熔点。熔渣具有良好的流动性,易被气流吹除。

(2) 导热性小。在切割过程中氧化反应能产生足够的热量,使切割部位的预热速度超过材料的导热速度,以保持切口前方的温度始终高于燃点,切割才不致中断。

因此,气割一般只用于低碳钢、低合金钢和钛及钛合金。气割是各个工业部门常用的金属热切割方法,特别是手工气割使用灵活方便,是工厂零星下料、废品废料解体、安装和拆除工作中不可缺少的工艺方法。

2. 气割原理

气割是利用可燃气体与氧气混合燃烧的火焰热能将工件切割处预热到一定温度后,喷出高速切割氧流,使金属剧烈氧化并放出热量,利用切割氧流把熔化状态的金属氧化物吹掉,而实现切割的方法。金属的气割过程实质是铁在纯氧中的燃烧过程,而不是熔化过程。

3. 气割要求

气割时应用的设备器具除割炬外均与气焊相同。气割过程是预热→燃烧→吹渣过程,但并不是所有金属都能满足这个过程的要求,只有符合下列条件的金属才能进行气割。

(1) 金属在氧气中的燃烧点应低于其熔点;

(2) 气割时金属氧化物的熔点应低于金属的熔点;

(3) 金属在切割氧流中的燃烧应是放热反应;

(4) 金属的导热性不应太高;

(5) 金属中阻碍气割过程和提高钢的可淬性的杂质要少。

符合上述条件的金属有纯铁、低碳钢、中碳钢和低合金钢以及铁等。其他常用的金属材料,如铸铁、不锈钢、铝和铜等,则必须采用特殊的气割方法(例如等离子切割等)。目前气割工艺在工业生产中得到了广泛的应用。

4. 气割特点

优点:

(1) 切割钢铁的速度比刀片移动式机械切割工艺快;

(2) 对于机械切割法难于产生的切割形状和达到的切割厚度,气割可以很经济地实现;

(3) 设备费用比机械切割工具低;设备是便携式的,可在现场使用;

(4) 切割过程中,可以在一个很小的半径范围内快速改变切割方向;

(5) 通过移动切割器而不是移动金属块来现场快速切割大金属板;

(6) 过程可以手动或自动操作。

缺点:

(1) 尺寸公差要明显低于机械工具切割;

(2) 尽管也能切割像钛这些易氧化金属,但该工艺在工业上基本限于切割钢铁和铸铁;

(3) 预热火焰及发出的红热熔渣对操作人员可能造成着火和烧伤的危险;

(4) 燃料燃烧和金属氧化需要适当的烟气控制和排风设施;

（5）切割高合金钢铁和铸铁需要对工艺流程进行改进；

（6）切割高硬度钢铁可能需要割前预热，割后继续加热，来控制割口边缘附近钢铁的金相结构和机械性能；

（7）气割不推荐用于大范围的远距离切割。

4.1.3　钳工的基本知识

由于管道安装的特殊性，所以在操作中涉及很多钳工的基本操作，例如：画线、切断、套螺纹、坡口、矫正、锉削、钻孔、錾切、攻螺纹及研磨等。

1. 画线

画线（如图 4-3），是指在工件上，用画线工具画出待加工部位的轮廓线或作为基准的点和线，这些点和线标明了工件某部分的形状、尺寸或特性，并确定了加工的尺寸界线。

画线的主要工具有角尺、长钢直尺、画针、画规、画线平板等。

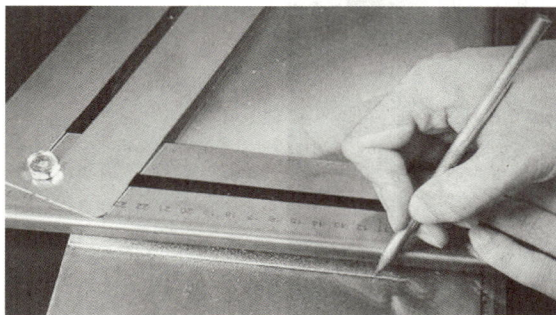

图 4-3　画线

图 4-4　台虎钳

2. 切断

金属塑性加工后按尺寸要求将产品（切开）断开的作业。按被切加工材料的温度分有热切断和冷切断；按切断方向分有横切和纵切；按所使用的工具分有剪切、锯切、火焰切割、折断、等离子切割等几类。

（1）锯切

用锯机将轧件切断。锯切的轧件端面平直，但锯切生产效率比剪切低。锯切广泛用于复杂断面型材的切断（热锯或冷锯），还用于要求剪切端面平直的简单断面合金钢材的切断（热锯）。钢管热轧后的断开采用热锯，但在矫直后则用冷锯切断。冷锯还用于切断薄壁管。

（2）锯割

将工件固定在台虎钳（图 4-4）上，用手锯在工件上锯出沟槽或把材料分割两半的操作叫锯割（图 4-5）。

1）锯条的安装

安装锯条，应将齿尖的方向朝前，否则不能正常锯割（图 4-6）。

2）起锯方法

起锯方法分远起锯和近起锯两种。

4-3 锯切

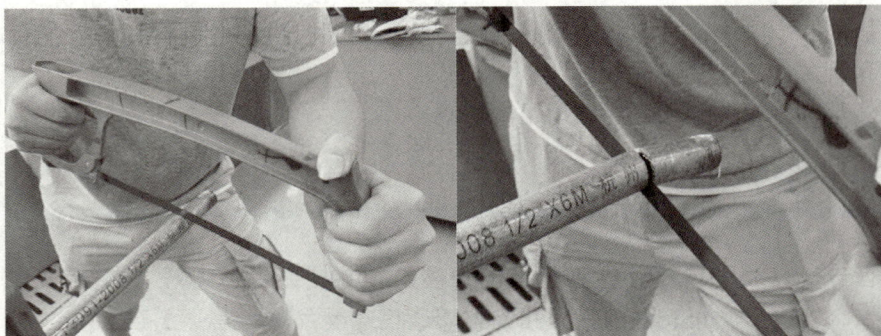

图 4-5　锯割

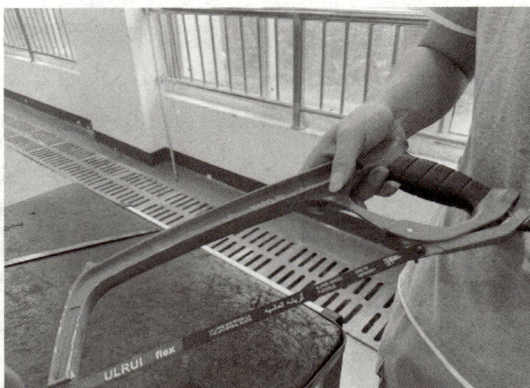

图 4-6　安装锯条

3）夹持工件

为防止锯割时产生振动，工件伸出钳口不宜过长；为避免锯割时工件移动，工件应夹紧。

（3）火焰切割

以氧和乙炔作燃料燃烧形成的高温火焰将金属熔化并吹掉后完成切割。火焰切割时金属消耗大，主要用在连铸板坯和方坯的切断，也用于切割钢材局部缺陷和事故处理。

3. 套螺纹

用板牙在圆杆或管子上切削外螺纹的加工方法叫套螺纹（如图 4-7）。

（1）套螺纹工具

套螺纹工具有圆板牙、活板牙及板牙架。

（2）套螺纹的操作要点

1）套螺纹前应将圆杆端部倒成锥半角为 15°～20°的锥体。

2）为了使板牙切入工件，要在转动板牙时施加轴向压力，待板牙切入工件后不再施压。

3）切入 1～2 圈时，要注意检查板牙的端面与圆杆轴线的垂直度。

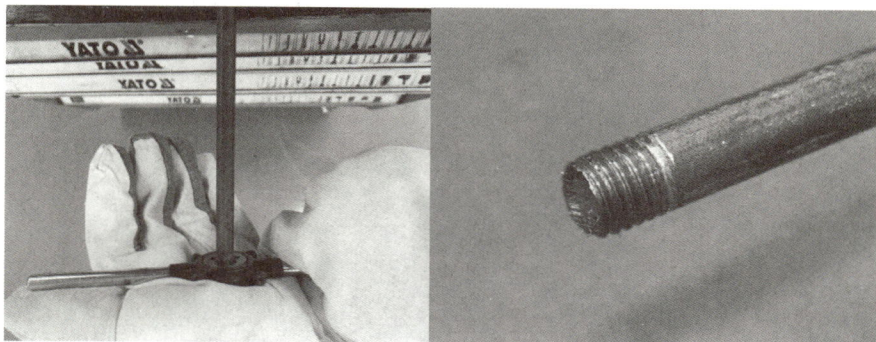

图 4-7　套螺纹

4）套螺纹过程中，板牙要时常倒转一下进行断屑，并合理选择切削液。

4. 坡口

根据设计或工艺需要，在焊件的待焊部位加工并装配成的一定几何形状的沟槽，就叫坡口。坡口是主要为了焊接工件，保证焊接度，普通情况下用机加工方法加工出的型面，要求不高时也可以气割（如果是一类焊缝，需超声波探伤的，则只能用机加工方法），但需清除氧化渣，根据需要，有 K 形坡口、V 形坡口、U 形坡口等，但大多要求保留一定的钝边。

5. 锉削

用锉刀（图 4-8）从工件表面将多余的金属锉掉，使工件达到所需的尺寸、形状和表面粗糙度，这种操作叫锉削。

4-4 锉刀
的使用

图 4-8　锉刀

（1）锉刀的选择

通常应根据工件的表面形状、尺寸精度、材料性质、加工余量以及表面粗糙度等要求来选用。

一般粗锉刀用于锉削铜、铝等软金属及加工余量大、精度低和表面粗糙的工件；细锉刀用于锉削钢、铸铁以及加工余量小、精度要求高和表面粗糙度数值较低的工件；油光锉则用于最后修光工件表面。

（2）操作要点

1）锉削（图 4-9）时要保持正确的操作姿势和锉削速度。操作中人体重心应落在左脚上，右膝随锉削时的来回运动伸直、弯曲。正确的锉销姿势和动作要领，能减轻疲劳，提高工作效率，保证锉削质量。锉削速度一般为每分钟 40 次左右。

2）锉削时两手用力要平衡，回程时不要施加压力，以减少锉齿的磨损。

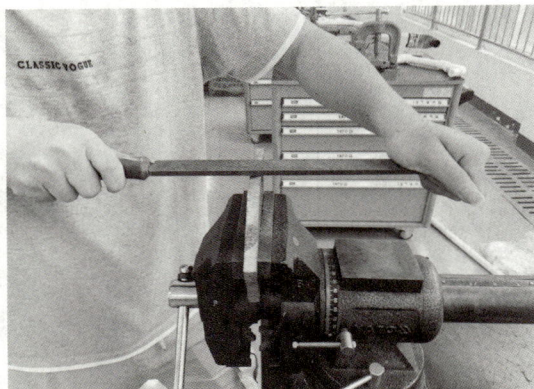

图 4-9　锉削

6. 钻孔 （图 4-10）

用钻头在实心工件上加工出孔的操作叫钻孔。钳工钻孔时常在各类钻床上进行。麻花钻是钻孔的主要工具。麻花钻主要由柄部、颈部和工作部分组成。

图 4-10　钻孔

（1）钻孔的操作要点

1）钻孔精度要求低的孔，钻孔前先把孔中心的样冲眼打得大一些，用麻花钻直接对准冲眼就可以进行钻削。

2）孔的位置精度较高、钻孔精度也较高的孔，可先以孔中心的样冲眼为中心画参考圆或方框，然后使钻头对准钻孔中心，先试钻一个浅坑，检查是否偏斜。

3）钻孔时进刀用力要适当，特别是在孔将要钻穿时并应改成手动进给。

（2）正确选择切削用量及冷却液

1）钻孔的切削用量

即指切削速度、进给量和吃刀量。

2）钻孔时冷却液的选择

在切削过程中钻头的温度升高，使钻头磨损迅速，甚至退火而丧失切削性能。因此，在钻孔时必须不断地向钻头工作部分输送冷却液，以达到降低温度、延长钻头使用寿命、提高钻孔质量的目的。

7. 錾削

（1）錾削

用锤子打击錾子对金属工件进行切削加工的工艺；錾削是一种粗加工，一般按画线进行加工，平面度可控制在 0.5 mm 之内。目前，錾削工作主要用于不便于机构加工的场合，如清除毛坯上的多余金属、分割材料，錾削平面及沟槽等。

（2）錾削工具

錾削工具主要是錾子和锤子。

（3）操作要点

1）正确使用台虎钳，夹紧时不应在台虎钳的手柄上加套管子或用锤子敲击台虎钳手柄，工件要夹紧在钳口中间。

2）錾削时要保持正确的操作姿势和挥锤速度。在錾削操作过程中，施工人员必须保证正确的姿势。两脚自然站立，左脚超前半步，人体重心稍偏于后脚，视线应落在工件的切削部位。

3）起錾时应从工件的边缘尖角处轻轻地起錾，将錾子向下倾斜，先錾出一小斜面，然后开始正常錾削。

4）当錾削距尽头约 10～15min 时，必须调头錾去余下的部分，以防工件边缘崩裂。

8. 攻螺纹

用丝锥在孔壁上切削螺纹（内螺纹）的操作叫攻螺纹（图 4-11）。

4-5 攻螺纹

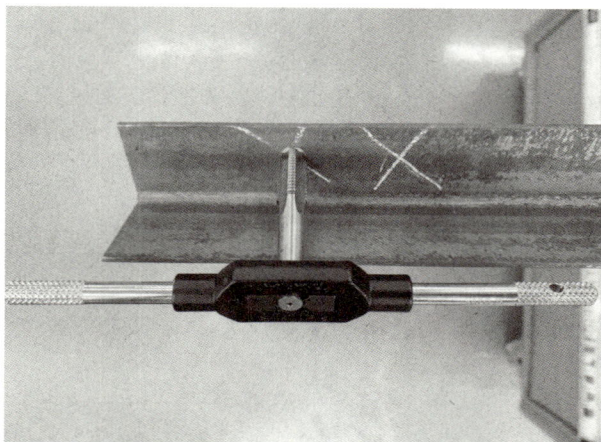

图 4-11　攻螺纹

（1）攻螺纹工具

1）丝锥（图 4-12）是攻螺纹的主要工具。丝锥是由切削部分、定径（修光）部分和柄部组成。

2）铰手　是手工攻螺纹用于夹持丝攻的工具。常用的有普通铰手、丁字铰手。

（2）攻螺纹的操作要点

1）攻螺纹前，先要看清图样要求，不要弄错螺纹规格，或钻错底孔直径。

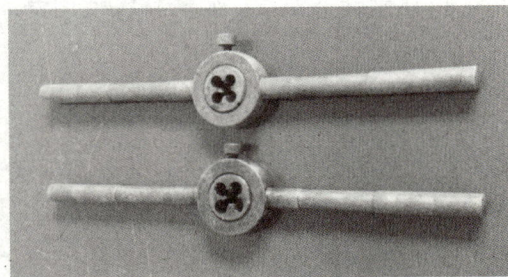

图 4-12　丝锥

2）通孔螺纹底孔两端应倒角，倒角处直径可略大于螺纹直径，这样便于丝攻切入，并可防止孔口出现凸边或毛刺。

3）用头锥起攻，丝攻中心要与孔中心重合，不能歪斜。在攻入 1～2 圈后，在两个相互垂直的方向上用角尺进行检查。

4）正常攻螺纹时，两手用力要均匀，要经常倒转 1/4～1/2 圈，使切屑容易切断和排除，避免因切屑阻塞而使丝攻卡住或折断。

5）攻螺纹时，必须按头攻、二攻、三攻顺序依次攻削至标准尺寸。在较硬的材料上攻螺纹时，可轮换各丝攻交替来攻，以减少切削部分的负荷，防止丝攻折断。

6）攻不通孔时，可在丝攻上做好深度记号，并要经常退出丝攻，以清除留在孔内的切屑。

7）攻韧性材料的螺孔时又要加切削液，以减少切削阻力，减少螺孔表面的粗糙度和延长丝攻的使用寿命。一般攻钢件用机油，攻铸铁件可用煤油。

8）攻完螺纹后，要用标准丝牙螺杆进行穿试，用手能拧入即可。

9. 研磨

用研磨工具和研磨剂从工件表面磨掉一层极薄的金属，使工件表面获得精确的尺寸、形状和极小的表面粗糙度的加工方法，称为研磨。

【任务实施】

1. 演示金属管的切割→学生分组练习（要求端面平整）→演示对切割管表面进行平整度处理→学生分组练习→演示管端面坡口处理→学生分组练习。

2. 教师演示对焊 $DN50$ 管。学生分组讨论：

分组讨论记录表		
施工步骤	使用工具及方法	注意事项

【活动评价】

知识内容自评：20％

钳工基本知识掌握：很好□较好□一般□还需努力□

管工基本操作应用能力：很好□较好□一般□还需努力□

常见管道的焊接技术掌握：很好□较好□一般□还需努力□

自我练习情况：很好□较好□一般□还需努力□

小组互评：40％

团队合作及整体完成效果：很好□较好□一般□还需努力□

教师评价：40％

内容学习及完成效果：很好□较好□一般□还需努力□

【知识链接】

1. 焊剂在焊接过程中的作用。
2. 交流弧焊机的使用与维护的注意事项。
3. 手工电弧焊的安全操作技术。

【课后作业】

4-6 学习活动1课后作业答案

单选题

1. 焊接过程中，将焊件接头加热至熔化状态，不加压力完成焊接的方法称为（　　）。

A. 熔焊

B. 压焊

C. 钎焊

D. 保护焊

2. 焊接过程中，必须对焊件施加压力（加热或不加热），以完成焊接的方法称为（　　）。

A. 熔焊

B. 压焊

C. 钎焊

D. 保护焊

3.（　　）是采用比母材熔点低的金属材料作钎料，将焊件和钎料加热到高于钎料熔点，低于母材熔点的温度，利用液态钎料润湿母材，填充接头间隙并与母材相互扩散实现连接焊件的方法。

A. 熔焊

B. 压焊

C. 钎焊

D. 保护焊

4. 焊接过程中对焊工危害较大的电压是（　　　）。

A. 空载电压

B. 电弧电压

C. 短路电压

D. 电网电压

5. 焊接设备的机壳必须良好地接地，这是为了（　　　）。

A. 设备漏电时，防止人员触电

B. 节约用电

C. 防止设备过热烧损

D. 提供稳定的焊接电流

学习活动 2　管网的支吊架加工

学习目标

1. 能查阅施工手册，根据管网施工需求选择不同形式的固定支吊架。

2. 能根据选择的支吊架形式进行制定加工工艺。

3. 掌握支吊架的验收规范、安装要求等。

建议学时

10 学时

学习地点

建筑给水排水一体化实训室

学习准备

多媒体课件、实习手册（工作页）

资料：给水排水施工手册、管道安装工作页、施工现场安全操作规程、互联网资源、焊接设备、常用施工工具、量具、多媒体设备。

学习过程

【学习支持】

4.2.1　支吊架制作

1. 制作要求

（1）支架的形式、材质、规格、加工尺寸、精度及焊接等应符合设计或施工安装图册的要求。

（2）支架下料应按图纸与实际尺寸进行画线，切割应采用机械切割（无齿锯），不应采用气割。切割后，在角钢平面的两个垂直角处应进行抹角。

（3）支架的孔眼应采用电钻加工，其孔径应比管卡或吊杆直径大 1～2mm，不得以气割开孔。

（4）支架焊缝应进行外观检查，不得有漏焊、欠焊、裂纹、咬肉等缺陷。焊接变形应予以矫正。

（5）加工合格的支架，应进行防腐处理，合金钢支架应有材质标记。

塑料管及复合管管道支架的最大间距　　　　　　表 4-1

管径（mm）			12	14	16	18	20	25	32	40	50	63	75	90	110
最大间距（m）	立管		0.5	0.6	0.7	0.8	0.9	1.0	1.1	1.3	1.6	1.8	2.0	2.2	2.4
	水平管	冷水管	0.4	0.4	0.5	0.5	0.6	0.7	0.8	0.9	1.0	1.1	1.2	1.35	1.55
		热水管	0.2	0.2	0.25	0.3	0.3	0.35	0.4	0.5	0.6	0.7	0.8		

2. 制作方法

以卡环式支架为例：

（1）卡箍制作

1）选材：根据管件及承重情况进行选择适合的材料、型号及加工方式。例如：量取管子外径 ϕ。

2）下料：根据图纸进行计算，确定下料尺寸。特别注意切割量的数据（图 4-14）。

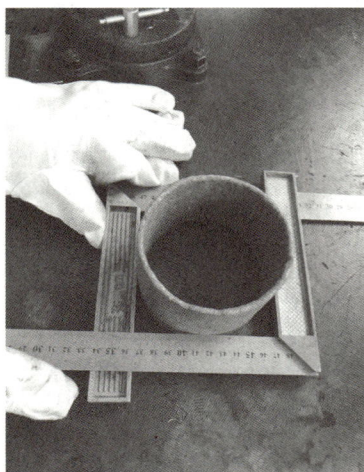

图 4-13　量取

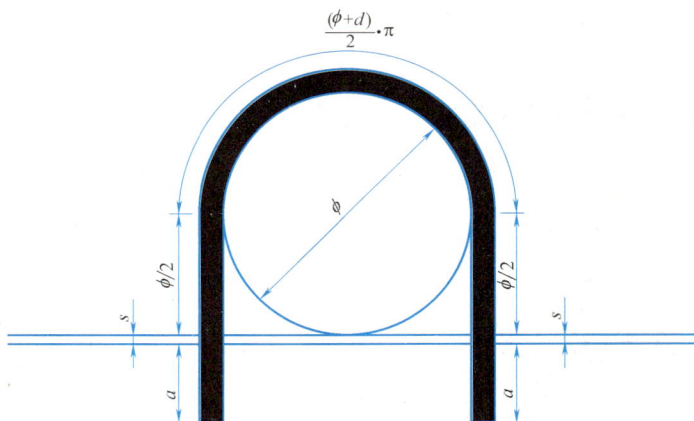

图 4-14　下料计算

确定切割圆钢长度：

$$L = a + s + \phi/2 + \pi(\phi+d)/2 + \phi/2 + a + s$$

$$L = 2a + 2s + \phi + \pi(\phi+d)/2$$

规范规定：$a = 4d$（d 为圆钢直径）；
　　　　　$s = $ 固定型材厚度（4mm）；

ϕ＝固定管材直径；

d＝圆钢直径。

在下好的圆钢上从左右两端同时画线（图 4-15）。

在长度为 a 处画线，再在长度为 s 画线，最后在 $\phi/2$ 处画线。

3）切割：切割方式有手动锯割、砂轮磨割、火焰切割及等离子切割等。建议采用锯割，因为其他加工方式都会破坏材料结构，影响材料的可靠性。

4）加工：缩口（图 4-16），用锤子均匀敲打圆钢，使圆钢两头口径规则变锤形，以方便丝锥加工。

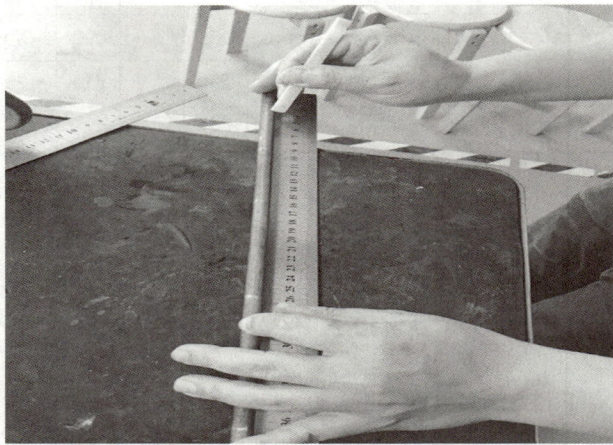

图 4-15　画线

图 4-16　缩口

5）制作螺纹：要求垂直均匀用力，顺时针方向旋转，在旋转中受力变大时应该及时反方向旋转，以便清除内部铁屑，为了减少热效应影响钢材的性质，添加润滑油进行降温，同时可以起到润滑作用（图 4-17、图 4-18）。

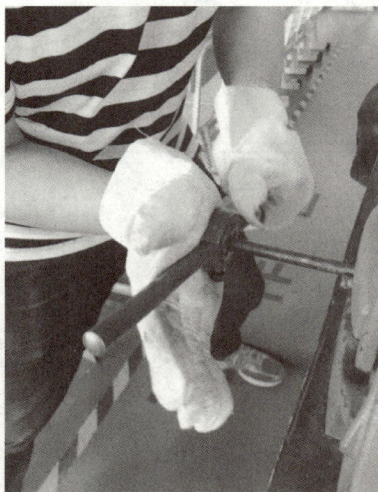

图 4-17　攻螺纹

图 4-18　弯圆钢

6）弯圆钢（图 4-19）

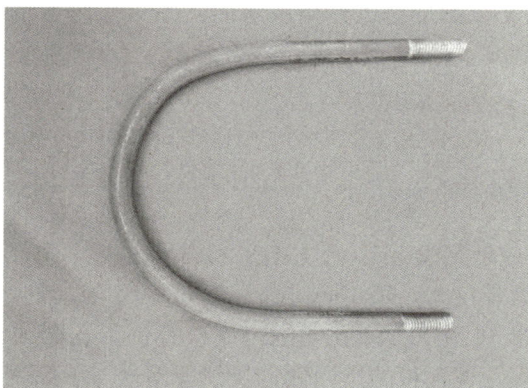

图 4-19　弯圆钢成品

（2）角钢支架制作（图 4-20）

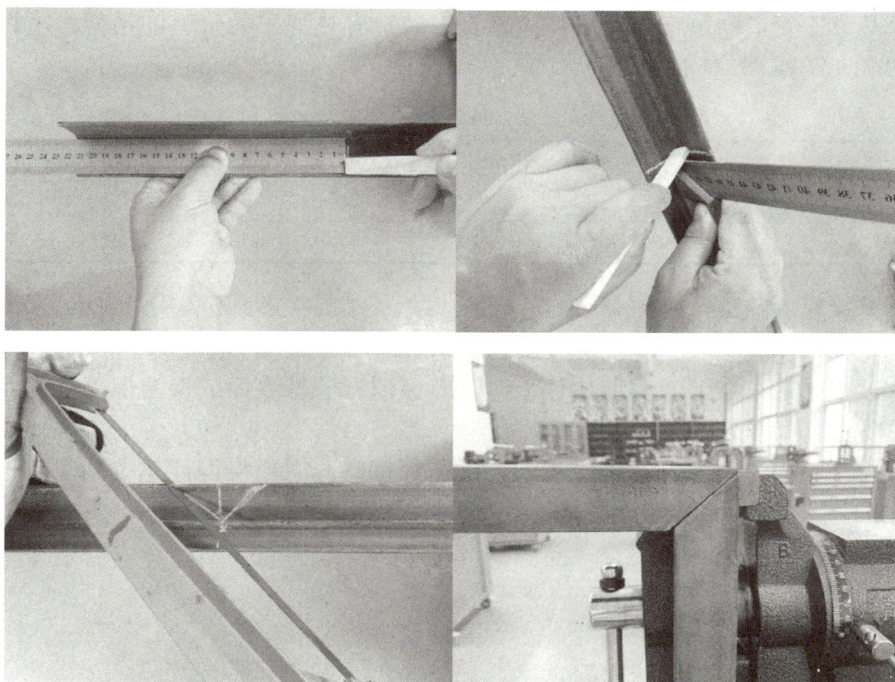

图 4-20　角钢支架制作

1）计算：根据三角形原理进行下料尺寸计算。

2）放样：根据计算所得数据进行在角钢上画线，线条要求清晰，线宽越细误差越小。

3）打孔：根据固定管件的外径，在支架底座上均等的绘制打孔点，并利用台转进行转孔。另外一个直角边根据绘制固定孔进行转孔。

4）切割：切割方式有手动锯割、砂轮磨割、火焰切割及等离子切割等。建议采用锯割，因为其他加工方式都会破坏材料结构，影响材料的可靠性。特别注意斜向切割的控制。

5）弯曲：根据切割完成的型材进行角度弯曲，并对弯曲连接缝进行焊接固定，以保证受力。

6）成型。

4.2.2 安装要求

1. 支吊架安装前，应对所要安装的支架进行外观检查。外形尺寸应符合设计要求，不得有漏焊，管道与托架焊接时，不得有咬肉、烧穿等现象。

2. 如土建有预埋钢板或预留支架孔洞的，应检查预留孔洞或预埋件的标高及位置是否符合要求，同时要检查预埋钢板的牢固性，及预埋钢板与墙面是否平整，并清除预埋钢板上的砂浆或油漆。

3. 固定支架应严格按设计要求安装，其允许偏差见表 4-2，并在补偿器顶拉伸前固定。无补偿器时，在一根管段上不得安装一个以上固定支架。

4. 无热膨胀管道的吊架，其吊杆应垂直安装；有热膨胀的管道的吊架，吊杆应向热膨胀的反方向偏斜 1/2 伸长量。

支架安装的允许偏差（单位：mm）   表 4-2

检查项目	支架中心点平面坐标	支架标高	两固定支架间的其他支架中心线	
			距固定支架 10m 处	中心处
允许偏差	25	—10	5	25

5. 铸铁管或大口径钢管上的阀门，应设有专用的阀门支架，不得用管道承受阀体重量。

6. 补偿器两侧应安装 1~2 个导向支架，以限制管道不偏移中心线。

7. 支架横梁栽在墙上或其他构件上时，应保证管子外表面或保温层外表面与墙面或其他构件表面的净距不小于 60mm。

8. 不得在金属屋架上任意焊接支架，确需焊接时，须征得设计单位同意；也不得在设备上任意焊接支架，如设计单位同意焊接时，应在设备上先焊加强板，再焊支架。

【任务实施】

1. 进行被固定管材的管径测量。
2. 根据支、吊架承受的重量进行选择不同型号的固定型材。
3. 进行放样、下料尺寸计算。
4. 根据管材进行弯曲、整平等。
5. 分组练习：型材选择、计算、切割、弯曲、整平、防腐。

【活动评价】

知识内容自评：20%

支、吊架选择基本知识掌握：很好□较好□一般□还需努力□

支吊架制作工艺掌握：很好□较好□一般□还需努力□

自我练习情况：很好□较好□一般□还需努力□

小组互评：40%

团队合作及整体完成效果：很好□较好□一般□还需努力□

教师评价：40%

内容学习及完成效果：很好□较好□一般□还需努力□

【知识链接】

1. 支吊架固定相关规范。
2. 管网固定常用形式及相关验收规范。
3. 支、吊架力学分析及报表填写。
4. 能通过 BIM 等软件辅助制定支吊架预制加工工艺。

【任务总结及评价】

1. 根据任务学习过程及完成情况，汇报学习成果，分别论述不同管材的连接方式、加工设备及验收要求。 2. 根据案例情境，编写支吊架安装施工方案。 		
自评	互评	师评

【课后作业】

单选题

1. 下列属于固定支架的是（　　　）。

A. 导向支架

B. 滚动支架

C. 滑动支架

D. 挡板式

2. 根据管道支架对管道的制约情况，可分为固定支架和（　　　）。

A. 活动支架

B. 滚动支架

C. 滑动支架

D. 导向支架

3. 方形补偿器两侧的第一个支架，应设为（　　　）支架。

A. 固定

B. 滑动

C. 导向

D. 均可

4. 主要用在管径较大而无横向位移的管道上的活动支架是（　　　）。

A. 活动支架

B. 滚动支架

C. 滑动支架

D. 导向支架

5. 管道穿越墙体时，不能把墙体作为活动支架，这是支架定位原则中提到的（　　　）。

A. 托稳转角

B. 墙不做架

C. 中间等分

D. 不超最大

6. 管道转角处应特别重视支撑，这是支架定位原则中提到的（　　　）。

A. 托稳转角

B. 墙不做架

C. 中间等分

D. 不超最大

7. 管道支吊架常用（　　　）型钢或圆钢进行制作。

A. Q195

B. Q235

C. Q255

D. Q275

8. 型钢代号∟ 100×8 中，∟表示（　　　）。

A. 扁钢

B. 角钢

C. 槽钢

D. 工字钢

参 考 文 献

[1] 汤万龙. 建筑给水排水系统安装 [M]. 北京：机械工业出版社，2007.

[2] 张胜峰. 建筑给排水工程施工 [M]. 北京：中国水利水电出版社，2010.

[3] 刘芳，马晓雁. 建筑给排水工程技术 [M]. 北京：北京大学出版社，2014.

[4] 袁勇. 给水排水管道工程施工实训 [M]. 北京：中国建筑工业出版社，2016.

[5] 高东旭. 管道工 [M]. 北京：中国建筑工业出版社，2015.

[6] 杜伟国. 管道工程施工质量图解手册 [M]. 北京：中国建筑工业出版社，2017.

[7] 北京市政建设集团有限责任公司. 管道工程施工技术规程 [M]. 北京：中国建筑工业出版社，2010.

[8] 陈思荣，张瑞雪，毛金玲. 建筑水暖电设备安装技能训练 [M]. 北京：电子工业出版社，2010.

[9] 张忠旭. 机械设备安装工艺 [M]. 北京：机械工业出版社，2018.

[10] 贾洪，钱增志，方宏伟. 设备安装工程细部做法 [M]. 北京：中国建筑工业出版社，2017.

[11] 邵宗义，邹声华，郑小兵. 建筑设备施工安装技术 [M]. 北京：机械工业出版社，2019.

[12] 梅剑平，李青霞. 建筑设备安装工程施工技术 [M]. 北京：中国林业出版社，2019.

[13] 北京建工培训中心. 给排水及建筑设备安装工程 [M]. 北京：中国建筑工业出版社，2012.